JN136458

ISO 31000:2018

(JIS Q 31000:2019)

リスクマネジメント 解説と適用ガイド

リスクマネジメント規格活用検討会　編著

編集委員長　野口　和彦

日本規格協会

はじめに

リスクマネジメントを，あらゆるリスクへの対応を想定した組織運営の基礎手法としてISOが国際規格として発行したものが2009年のISO 31000であった．その後，リスクマネジメントの活用が広がるにつれて，ISO 31000への関心と理解は広がっていった．そして，普及に伴い生じた社会ニーズに対応するためにISO/TC 262において改訂作業が始められ，その結果であるISO 31000:2018が2018年2月に発行された．

ISO規格の改訂にあわせて，ISO 31000:2009の翻訳規格として策定されたJIS Q 31000:2010の改正も行われ，ISO 31000:2018を基にしたJIS Q 31000:2019が2019年1月に発行となった．

リスクマネジメントは，安全等の工学分野で広まった経緯もあり，“好ましくない影響”への対応手法として社会に認知されることが多かったが，組織や社会に潜在するリスクが多様になるにつれて，その経営手法としての重要性も増してきた．

組織や社会の経営は，好ましくない影響を小さくすることが目的ではなく，その成長や豊かさの追求が目的として設定される場合が多い．この場合，経営では，好ましくない影響を小さくすると同時に，好ましい影響を大きくすることも追求する必要が出てくる．そして，この二つの活動は，必ずしも矛盾なく成立するとは限らない状況も散見される．マネジメント（経営者）は，このような状況において判断し，その対応策を実施するものである．そして，リスクマネジメントはその活動を支援するものである．

さらに，ISOのマネジメントシステムでは，リスク概念の活用が標準化において採用され，そのほかにもISO 31000の考え方が採用されたことによって，ISO 31000への関心が高まっている．

ISOは，マネジメントシステムを効果的に活用するために，統合を推進し効果的に活用することを求めている．この観点からも，組織のリスクを組織経営の視点から横断的に扱うことのできる ISO 31000 を理解することは，重要である．

一方，マネジメントシステムが高度化し，各業務において実施する仕組みが構築されている現状では，それぞれの業務や立場によって，品質問題や環境側面の捉え方や対応の仕方が定まっており，全社的経営の視点から既存の仕組みを見つめ，リスクを捉え直すことはかえって難しい面も出てくる．

本書では，リスクマネジメントを理解するための ISO 31000 の解説に加えて，既存のマネジメントシステムの担当者が，リスク概念を活用するための要点も取りまとめている．

本書の内容は，ISO 31000:2018 を基に記述したものであるが，その規格文は翻訳規格である JIS Q 31000:2019 の表記による．

第 1 章では，ISO 31000 の改訂の経緯，ISO 31000 の検討母体である ISO/TC 262 の活動，そして JIS 化の経緯について述べている．第 2 章は ISO 31000（JIS Q 31000）の逐条解説である．旧版である ISO 31000:2009 から変わった箇所のうち大切と考える事項に関しては，【旧版からの変更点】として追加記述を行っているので参考いただきたい．

第 3 章では，例えば ISO 9001 や ISO 14001 のような ISO マネジメントシステム規格の運用に当たり，ISO 31000 及びそのリスク概念を活用いただきたいという観点からの解説を行っている．

本書が，組織におけるリスクマネジメントの活用や，各マネジメントシステム規格におけるリスク概念の取込みに活用されることを願っている．

2019 年 6 月

編集委員長　野口　和彦

リスクマネジメント規格活用検討会

委員長	野口　和彦	国立大学法人横浜国立大学大学院 ISO/TC 262 日本代表エキスパート ISO/TC 262 国内委員会委員長／国内 WG 主査 JIS Q 31000 原案作成委員会委員長／改正委員会主査
委　員	相羽　律子	株式会社日立製作所 ISO/TC 262 国内委員会／国内 WG 委員 JIS Q 31000 原案作成委員会／改正委員会委員
	岡部　紳一	アニコム損害保険株式会社 ISO/TC 262 国内委員会委員 JIS Q 31000 原案作成委員会／改正委員会委員
	指田　朝久	東京海上日動リスクコンサルティング株式会社 ISO/TC 262 国内 WG 委員 JIS Q 31000 改正委員会委員
	柴田　高広	株式会社三菱総合研究所 ISO/TC 262 日本代表エキスパート ISO/TC 262 国内委員会／国内 WG 委員 JIS Q 31000 原案作成委員会／改正委員会委員
	達脇　恵子	有限責任監査法人トーマツ ISO/TC 262 国内 WG 委員 JIS Q 31000 改正委員会委員
	中嶋　秀嗣	RM リテラシー ISO/TC 262 国内 WG 委員 JIS Q 31000 改正委員会委員
	森宮　　康	明治大学名誉教授 ISO/TC 262 国内委員会委員 JIS Q 31000 原案作成委員会委員 前　ISO/TC 262 国内委員会委員長
協力者	岡本　　裕	一般財団法人日本規格協会 ISO/TC 262 日本代表エキスパート ISO/TC 262 国内委員会／国内 WG 事務局 JIS Q 31000 原案作成委員会／改正委員会事務局

（委員は五十音順，所属等は発刊時）

目　次

第3章　ISO マネジメントシステムへの ISO 31000 の適用

第1章

ISO 31000:2018 改訂の経緯

ISO 31000は, ISO(国際標準化機構：International Organization for Standardization)によって開発されたリスクマネジメントの国際規格である．組織がリスクマネジメントを行うときの原則，枠組み，及びプロセスを提供する規格であり，組織の規模や活動，分野にかかわらず使用できる指針として活用される．

ISO 31000の初版は，2009年11月15日，ISO 31000:2009(Risk management—Principles and guidelines）として発行された．同時に発行されたガイドであるISO Guide 73:2009 (Risk management—Vocabulary) とともに，リスクマネジメントでは最初の国際規格である．

日本国内では2010年9月21日に，ISO 31000:2009を翻訳し技術的内容及び構成の一致するJIS Q 31000:2010（リスクマネジメント—原則及び指針）が日本工業規格として発行された．また，ISO Guide 73:2009はJIS Q 0073:2010（リスクマネジメント—用語）として発行された．

そして2018年2月15日, 約8年ぶりに改訂されたISO 31000:2018(Risk management—Guidelines)が発行となった．それに伴い，JIS Q 31000:2019も2019年1月21日に改正された．

本章では，ISO 31000の概要を理解していただくために，2018年改訂に至る経緯，この規格を管轄するISO/TC 262の標準化活動，またJIS化の活動について述べる．

1.1　改訂の経緯

本節では，2018年改訂に至る経緯と概要を時系列で紹介する．2012年以降の経緯については，本節の最後にある**表1.1**も参照されたい．

(1)　改訂提案～第1回ISO/PC 262会議（英国・ロンドン）

ISOは，世界164の各国を代表する標準化機関が参加する国際標準化組織であり，標準化活動の成果を国際規格として発行する．ISO 31000の初版である2009年版は，ISOの意思決定組織である技術管理評議会（TMB：Technical Management Board）の下に作業グループ（WG：Working Group）を設置して作成された．議長国はオーストラリア，幹事国は日本が務めた．また，用語に関するISO Guide 73（Risk management—Vocabulary）が同時に作成された．

2011年に，ISO 31000の使用の指針（その後のISO/TR 31004:2013）についてプロジェクト委員会（PC：Project Committee）を設置して作成することが英国から提案され，投票の結果，ISO/PC 262の設置が正式に決定した．ISO/PC 262への委任事項は“リスクマネジメント分野の標準化”である．英国が提案したISO 31000の使用の指針のスコープは次のようなものであった．

“この規格はISO 31000に規定されているリスクマネジメントフレームワーク及びプロセスに関する実施の指針を提供する．また，この規格はISO 31000の核となる要素に基づき，組織はいかにリスクマネジメントを構築するかという情報を提供するものである．”

その後，この指針はISO/TR 31004:2013として，テクニカルレポート（TR：Technical Report）の形で発行された．この作成のために設置されたISO/PC 262の第1回会議は2011年9月にロンドンで開催され，日本からもエキスパートを派遣した．

(2)　第2回ISO/PC 262会議（アイルランド・ダブリン）

2012年2月，ダブリンで第2回ISO/PC 262会議が開催された．この会議では，当時開発中であったISO/TR 31004の審議と管理に加え，以降はISO 31000，ISO Guide 73，及びそれ以外のリスクマネジメントに関する規格を作成することを意図して，ISO/PC 262を今までのPC（プロジェクト委員会）からTC（技術委員会：Technical Committee）に格上げするという提案があり，ISO/PC 262で了承された．これを受けた提案がISO/PC 262からISO中央事務局に提出され，TMBの承認を得て，ISO/TC 262が正式に設置されることになった．

(3)　第3回ISO/TC 262会議（オーストラリア・シドニー）

2012年9月に，第3回ISO/TC 262会議がシドニーで開催された．この際，ISO 31000及びISO Guide 73の定期見直しに関する審議があり，TC内での承認を得た．

これを受け，2013年1月にISO 31000とISO Guide 73の定期見直しが開始された．ISO 31000の定期見直しに関する投票結果は，“現状のまま（改訂はしない）”14票，“若干の修正を行う”2票，“改訂する”10票，“棄権”6票であった．

わが国は，リスクの定義の注記において“好ましい方向及び／又は好ましくない方向に（positive and/or negative）”と記されているところを“好ましいもの，好ましくないもの，又はその両方の場合があり得る（positive or negative, or both）”に修正すべきとして，“若干の修正を行う”という立場で投票を行った．ちなみに，ISO Guide 73の投票結果は，“現状のまま（改訂はしない）”14票，“若干の修正を行う”1票，“改訂する”10票，“棄権”7票であった．ただし，“現状のまま”に投票した国をはじめとして，ISO 31000及びISO Guide 73に関して多くの国から技術的なコメントが提出された．

これを受け，2013年5月にISO/TC 262からISO 31000とISO Guide 73の管理を行うための作業グループを設置する提案が行われた．投票の結果，この提案は承認され，ISO 31000とISO Guide 73を管理するための作業グループが正式に設置された．WG 2（Core Risk Management Standards：リスクマネジメントの中核となる規格）である．なお，WG 1はISO 31004を開発するグループである．

(4)　第4回ISO/TC 262会議（米国・シカゴ）

2013年9月にはシカゴで第4回ISO/TC 262会議が開催された．ここでの大きな議論は，先のISO 31000及びISO Guide 73の定期見直しの結果及び提出されたコメントに基づいて，ISO 31000 及び ISO Guide 73 を現状のままにするか，それとも改訂を行うかであった．

WG 2 で定期見直しの結果及び提出されたコメントを検討した上で，WG 2 から ISO/TC 262 に対して ISO 31000 及び ISO Guide 73 については“限定的な改訂（limited revision）を行い，WG 2 においてその作業を行う”ことを提案し，ISO/TC 262 において承認された．ISO/TC 262 は WG 2 に対して，規格のデザインスペック（仕様書）をまず作成することを要請し，この“限定的な改訂”の範囲及び内容を明確にすることを要請した．

2014 年 4 月には WG 2 の会議が英国・ロンドンで開催され，ISO 31000 及び ISO Guide 73 の“限定的な改訂”に関する作業が開始された．同年 6 月に規格のデザインスペックの第 1 版が回付された．

(5)　第 5 回 ISO/TC 262 会議（トルコ・イスタンブール）

2014 年 9 月にはイスタンブールで ISO/TC 262 総会が開催された．この会議では，デザインスペックに基づき，ISO 31000 及び ISO Guide 73 の委員会原案（CD：Committee Draft）を作成した．そして 10 月，ISO/CD 31000 へのコメントを求めるため，ISO/TC 262 のメンバー国に回付された．その結果，予想外に多くの，かつ“限定的な改訂”の範囲を超えたコメントが多く提出される結果となった．

2015 年 3 月に開催された WG 2 会議では，次のような提案を ISO/TC 262 に行った．すなわち，今までの“限定的な改訂”を取り下げ，“全面改訂（full technical revision）”とすることである．

この提案は ISO/TC 262 のメンバー国へ投票のために回付され，投票の結果，ISO 31000 の全面改訂が承認された．さらに，パリ会議の提案を受け，この“全面改訂”に関するデザインスペックが作成され，回付された．このデザインスペックは，リスクのマネジメントというより，意思決定の方法に重きが置かれた内容となっていた．この頃から次の ISO/TC 262 総会（2015 年 11 月）までは各国の思惑が飛び交い，例えば，WG 2 を解散してアドホックグループを設置し最初から検討を開始すべきであるなどという提案やコメントが各国から寄せられた.

(6) 第6回 ISO/TC 262 会議（ブラジル・リオデジャネイロ）

2015年11月に開催された ISO/TC 262 のリオデジャネイロ総会では，先に回付されたデザインスペックに対するコメントを基に，新たなる“全面改訂”に関するデザインスペックが検討され，第2次委員会原案（CD 2）も同時に作成された．この内容は委員会原案というよりも，リオデジャネイロ総会までに作成された委員会原案にデザインスペックを追加したものであり，委員会原案と呼ぶには未成熟なものであった．また，大きなトピックスとして，それまで ISO 31000 と ISO Guide 73 を同時に改訂するということで進められていたが，まずは ISO 31000 の改訂を行い，その後に ISO Guide 73 を改訂することが決議された.

(7) 第7回 ISO/TC 262 会議（ロシア・モスクワ）

2016年4月には，モスクワで ISO/TC 262 総会が開催され ISO 31000 の CD 2 に寄せられたコメントを基に規格原案の検討作成が進められた．この会議では，後述のように，ISO 31000 の箇条3に収録する用語の種類と数に関して議論があり，その結果，多くのリスク複合語（例：リスクアセスメント）の削除が提案された．これは，リスクの定義が確定されてさえいれば，“リスク”に付随する用語自体の意味を加味することで十分であるという理由からである．また，リスクマネジメントの原則についてもそれまでの11から8に減少された．モスクワ総会では第3次委員会原案（CD 3）が作成され，ISO/TC 262 のメンバー国に投票のために回付された.

CD 3への投票結果は賛成多数であり，国際規格原案（DIS）の段階に移行することが承認された.

(8)　第8回 ISO/TC 262 会議（ヨルダン・アンマン）

2016年10月にアンマンでISO/TC 262の総会が開催された．この会議では，CD 3に対するコメントを基にDISが検討され，作成された．また，前述のように用語の取扱いに関して問題が提起されたが，全体として用語定義の数を少なくする方向で議論が進み，唯一日本だけが用語定義の収録数の減少に反対した．併せて，規格の内容に関して簡素化，一般化することが承認された．これは，中小企業やリスクマネジメントに取り組む組織にとって読みやすく，わかりやすくするということが目的である．図表についても書き換えることが提案され承認された．

2017年にはDISが投票のために回付された．投票結果は，賛成：36，反対：5，棄権 :10であり，DISは承認された．

(9)　第9回 ISO/TC 262 会議（米国・カリフォルニア）

2017年7月にはカリフォルニアでISO/TC 262会議が開催され，DISに対するコメントを基に最終国際規格原案（FDIS）の検討作成が行われた．ここでもISO 31000に掲載する図表が検討され，現在のISO 31000に掲載されている図表となった．FDIS投票の結果，賛成：45，反対：2，棄権：8で，国際規格（IS：International Standard）として発行されることとなった．また，ISO 31000の発行に伴い，それまでISO 31000を検討していたWG 2は解散となった．

(10)　ISO Guide 73 について

先に述べたように，ISO Guide 73はISO 31000の発行後に改訂を行うことが決議されていた．2018年に用語規格の作成を担当するグループであるTCG（Terminology Coordination Group）が設置され，第1回会議が同年7月のISO/TC 262アゼルバイジャン会議に合わせて開催された．

この会議ではISO Guide 73の改訂版の内容に関して検討が行われ，結果，パート1として用語定義，パート2に用語の使い方に関するガイダンスを規定することとなった．この会議を受け，同年9月にISO Guide 73の改訂にかかわる新規案件がISO/TC 262メンバーに回付され承認された．また，規格番号もISO Guide 73からISO 31073へと変更された[*1]．

表1.1　ISO 31000の2018年改訂に関するISO/TC 262の活動経緯

年	月日	活動内容・アウトプット		
2012	9/10〜14	シドニー総会	全体	ISO 31000及びISO Guide 73の見直しを行う方針を決定
2013	7/15	投票結果	WG 2	WG 2の設置を決定
	9/23	シカゴ総会	全体	WG 2にISO 31000の改訂要否の判断を諮問
	9/23〜27	シカゴ会議	WG 2	ISO 31000及びISO Guide 73について"限定的な改訂"を行う旨を提言
	11/19〜	—	全体	ISO 31000及びISO Guide 73のデザインスペック案の回付と各国コメント収集
2014	4/14〜18	ロンドン会議	WG 2	コメントを踏まえたデザインスペック案の整理を行い，回付する方針を決定
	7/16	文書作成	全体	デザインスペック案の作成・回付
	9/1〜5	イスタンブール会議	WG 2	コメント処理及び審議．"リスク"など幾つかの中核的な用語定義の文章について妥協点を見いだせなかったため，用語定義の文章に関してはISO Guide 73の改訂時に先送りし，ISO 31000の他の部分を優先して検討を進める方針を決定
	9/1〜5	イスタンブール総会	全体	その時点の作業原案をCDとして回付することを決定
	10/20	文書作成	全体	ISO 31000のCDの回付
2015	3/9〜13	パリ会議	WG 2	"限定的な改訂"の議論を中断し，"全面改訂"の議論に移行するための投票を行うことを多数決により決定
	6/12	投票結果	全体	全面改訂への軌道修正決議
	7/21	文書作成	全体	デザインスペックの改訂案（意思決定を中心とした版）作成・回付

[*1] 執筆時現在，ISO 31073は2020年に発行の見込みである．

表 1.1　（続き）

年	月日	活動内容・アウトプット		
2015	11/9	リオデジャネイロ総会	全体	デザインスペックの改訂案（意思決定を中心とした版）の棄却
	11/10～12	リオデジャネイロ会議	WG 2	デザインスペックの再改訂案を起草
	11/13	リオデジャネイロ総会	全体	パリ会議時点の作業原案とデザインスペックの再改訂案を修正の上，コメント収集のため回付する方針を決定
	12/2	文書作成	全体	デザインスペック案の作成・回付 ISO 31000 の CD 2 の回付
2016	4/4～7	モスクワ会議	WG 2	規格全体の簡素化の方針の下，用語定義における大幅な用語数の削減が提案された．辞書で明白な単語，自明な単語の組合せによる複合語などは優先的に削除対象に挙げられた．
	4/4～7	モスクワ総会	全体	その時点の作業原案を CD 3 として投票にかけることを決定
	4/7	文書作成	全体	ISO 31000 の CD 3 の回付
	10/17～21	アンマン総会	全体	ISO 31000 の概説図が“三つの円（原則，枠組み，プロセス）”として再構成・提案された．CD 3 を DIS として手続きを進めることを決定
2017	2/17～5/11	文書作成	全体	ISO 31000 の DIS の回付
	5/17	投票結果	全体	ISO/DIS 31000 承認
	7/10～14	カリフォルニア会議	WG 2	図がほぼ現在の“三つの円”の内容に定着．“リスク”の注記における“機会”と“脅威”に関する記述について紛糾し，注記 1 を元に戻すことで決着
	7/10～14	カリフォルニア総会	全体	WG 2 による草案を FDIS とし最終投票にかけることを決定
	10/18～12/13	文書作成	全体	ISO 31000 の FDIS の回付
2018	1/8	投票結果	全体	ISO/FDIS 31000 承認
	1/24	投票結果	全体	任務満了により，WG 2 の解散を決定
	2/15	IS 発行	全体	ISO 31000:2018 発行

1.2　ISO/TC 262の活動

リスクマネジメントの国際規格ISO 31000及び関連文書については，ISO/TC 262において開発・検討が行われている．本節では，ISO/TC 262におけるISO 31000の2018年改訂及び関連する活動の概況について紹介する．

1.2.1　ISO/TC 262の活動概況

ISO 31000:2009が発行された4年後，2013年にISO 31000の改訂の検討のためWG 2が設置された．2013年から2018年にWG 2を中心としてISO/TC 262における検討が行われた結果，2018年2月にISO 31000:2018が発行された．その間，ISO/TC 262では全体会議（総会）がおおむね年に1回，WG 2の会議が年に1, 2回開催され，タスクグループ（TG：Task Group）などのサブグループの活動ではインターネット上の遠隔会議も適宜併用された．ISO 31000改訂時期のISO/TC 262の活動概況は，前出の**表1.1**を参照されたい．

ISO 31000の改訂のためのWG 2の議論は，各国からの改訂要望コメントを基に各国エキスパートなどによって進められたが，多くのコメントを限られた時間内に検討する必要から，コメントをテーマごとに分類して複数のTGの分担作業によって検討を行った．これにより各国コメント検討のスピードは上がる一方，規格改訂のグループ間の議論の整合性・統一感を損ねるというデメリットも考えられたため，WG 2ではTGによる分割討議の際には横断的な調整グループを設置することで一定の相互調整機能を果たすこととした．

また，ISO 31000の改訂に関連して，ISO/TC 262ではウェブサイトを利用した活動報告などの情報発信や，WG 2以外でも関連規格の開発などのための活動が並行して行われた．WG 3（Disruption Related Risk），WG 4（Supply Chain Risk），WG 5（Legal Risk）によるものである．**図1.1**に，これらの活動体制の例を示す．

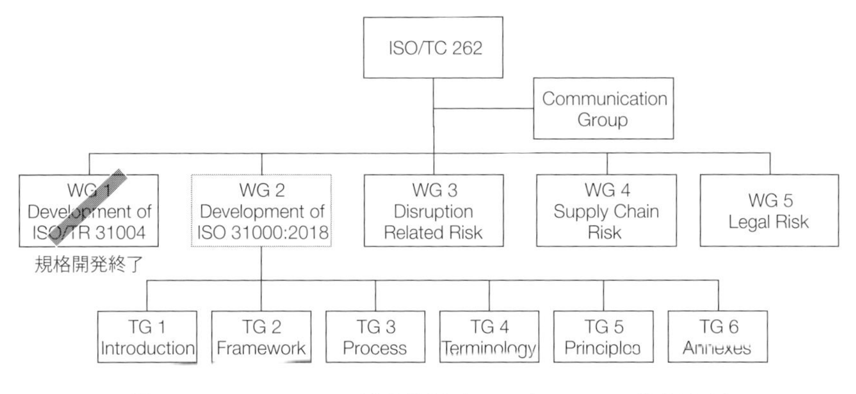

図 1.1 ISO/TC 262の活動体制（2016年モスクワ総会時点）

1.2.2 ISO 31000の改訂における主な議論

ISO 31000の改訂版検討における，主にWG 2での議論の概要について以下に紹介する．一般に，立場の異なる各国の意見調整は容易ではないが，特に“リスク”という抽象概念に関して文化の異なる各国の意見調整には大きな困難が伴った．一方で，ISO規格作成のルールブックであるISO/IEC専門業務用指針の附属書SLでは，新たに制定・改訂される全てのISOマネジメントシステム規格の整合を図るため，その付表2の中で示される共通の構造，共通のテキスト及び共通用語（これらを指して，本書では“附属書SL”と呼ぶことがある.）を順守することが示されている．また，附属書SP［(規定) 環境マネジメント—分野，側面及び要素の方針］では，リスクマネジメントに関してはISO 31000を尊重しなければならないことなどが規定され，それらの内容も改訂の議論に影響を及ぼした.

(1) 規格全体の簡潔化

ISO 31000の2018年改訂では，リスクマネジメントを導入する可能性のある分野，機関がきわめて多岐にわたることから，より多様なユーザーにとっての利便性と適用性を考慮し，全体的により簡潔な構成や内容となるよう変更を行った．これが今回の改訂の最も大きな特徴である．

この簡潔化においては，原則（principle）の合理化，用語定義数の合理化，フレームワークとプロセスにおける冗長な記載項目の合理化，などが行われた．これらの簡潔化によって，より広範なユーザーの最新ニーズへの対応，及び限られた期間内での規格改訂を実現することができた．

(2)　8原則への再構成

ISO 31000:2009では11の原則があったが，“原則というには数が多すぎる”という参加国からの指摘に対応して，できるだけ遺漏が発生しないように注意しながら全体的な簡素化を進めた．

その中で，“価値の創出と保護”については原則以前のリスクマネジメントの目的としての位置付けに格上げとなった．また原則としての視認性の観点から，各原則について“名詞句”としての簡潔な見出しを与えた．

(3)　用語定義の簡潔化

全体の簡潔化の流れの中，用語定義数についてはISO 31000:2009の29個からISO 31000:2018では8個へと大幅に絞り込みが行われた．

用語定義で最も大きな議論となったのは“リスク”の定義自体とその補足説明の部分である．“目的（objective）”，“影響（effect）”，“不確かさ（uncertainty）”などのリスクの定義に直結する用語や，“機会（opportunity）”，“脅威（threat）”などの関連する重要な用語定義の必要の是非及びその内容が大きな論点となった．

この議論は当初，改訂作業開始時点の“限定的改訂（limited revision）”との前提のもと，関連コメントは全て“全面改訂（unlimited/full technical revision）”をいずれ行う際の検討項目として申し送り事項という位置付けであった．その後，2015年のパリ会議後の投票で全面改訂への軌道変更がなされた後に改めて議論がなされたが，附属書SLの記載内容との関係などから

WG 2 内の議論では根本的な解決に至ることが困難であるとの判断のもと，今回の改訂では用語定義に関して主文は変更せず（補足説明については各国コメントを踏まえて適宜変更を実施した），主文の検討は今後の ISO Guide 73 の改訂（執筆時現在は ISO 31073 の検討グループである TCG 1 が規格開発を担当する見通し）での議論に先送りとなった．

また，リスクマネジメントにおける重要な概念の一つとして“リスク保有（risk retention）”はリスク対策なのか否か，という点が論点となった．英語圏では，リスク対応（risk treatment）の定義（process to modify risk）の“modify”に“retain”は含まれないとの主張のもと，一旦はリスク保有がリスク対応の定義の説明から排除されたものの，用語定義の簡潔化で“risk treatment”自体も用語定義から除外されるなどした結果，本文中の説明においてリスク対応がリスク保有を含む形で最終確定した．ただし，その他の用語定義で重要と考えられる“残留リスク（residual risk）”などは除外され，2009 年版での用語定義数の維持を主張していたわが国としては残念な結果となった．

そのほかにも用語定義に関して何度も議論となった用語がある．例えば，利害関係者を意味する“stakeholder”と“interested party”という語について，附属書 SL では“interested party”の使用を推奨する記載があるが，現場ではもっぱら“stakeholder”が使われているとの理由で，ISO 31000 では“stakeholder”を用語定義に採用している．また ISO 31000:2009 では“リスクに対する態度”を示す“risk attitude”という定義がある一方，現場では“risk appetite”という言葉しか使われていない，という議論もあったが，これらは用語定義の簡潔化に伴い，最終的には両方とも ISO 31000:2018 からは除外された．

(4)　図の刷新

2009 年版の図について，“意味が定義されていない矢印が多用されており意味がわかりにくく複雑すぎる”という参加国からの指摘があったことに対応し，矢印を排除する方向性での改訂が検討された．また“新しい ISO 31000 を印象付けるためのシンボルとしての位置付け”も考慮され，最終的には“原則（principle）”，“枠組み（framework）”，“プロセス（process）”という本規格の３大要素を三つの円として表現する構成が提案された．

(5)　認証規格としての用途制限の記述は削除

2009 年版では，箇条１（適用範囲）において“この規格は，認証に用いることを意図したものではない．”という記載があった．当初本規格の開発に携わったメンバーは本規格の認証規格としての利用普及に反対の立場が多かったが，最終的には ISO の TMB による“規格の利用方法を決めるのはユーザーであり規格それ自体で規定すべきものではない”との判断により削除された．

(6)　マネジメントシステム規格化は見送り

2012 年に附属書 SL により提示された ISO マネジメントシステム規格の上位構造を考慮する観点から，改訂当初は ISO 31000 もこれを踏襲しマネジメントシステム規格とする意見がみられた．しかしその後，別の附属書 SP において ISO 31000 の上位性が示されたことから，ISO 31000 はマネジメントシステム規格そのものではなくマネジメントシステム規格と組み合わせるためのものであるとの位置付けで理解が図られ，ISO 31000 はマネジメントシステム規格ではなく，マネジメント規格として検討が行われた．

(7)　意思決定規格化は見送り

改訂方針の検討段階（デザインスペックの策定段階）では，ISO 31000 を“意思決定プロセスマネジメントシステム規格”とする方向性も提案されたが，“リスクマネジメントにおいて意思決定は重要だがそれだけではない”，“あまりにも大幅な方針変更”との判断から見送りとなった．

1.2.3 日本の主張と改訂結果

改訂に対する日本の基本的な立場は，“ある程度国内に普及するまでは大きな改訂の必要はなし”というものであった．特に日本にとって有用な用語定義はおおむねISO 31000:2009に盛り込まれていたため，（“機会”や“脅威”に関する定義の追加要望はあったものの）用語定義の現状維持を要望したが，規格内容全体の簡素化を支持する参加国の意見が多く，最終的には用語定義数は8個に絞り込まれた．

1.2.4 ISO/TC 262の今後の動向（その他セクター規格の開発）

2019年3月時点では，ISO 31000:2018の改訂を終了したためWG 2は解散しており，WG 5～WG 8及びTCG 1がそれぞれ関連規格などの開発を進めている（**図1.2**）．

特に，ISO 31000:2009を継承する文書という観点からは，リスクマネジ

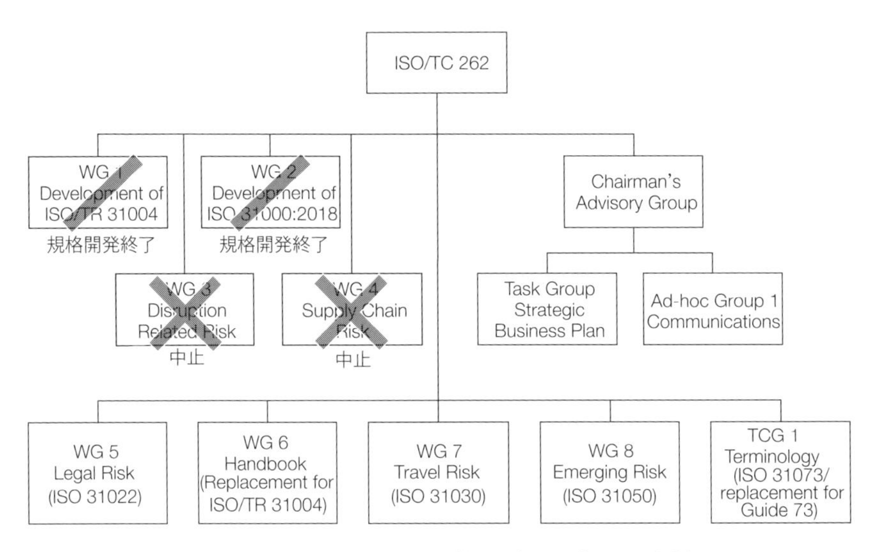

図1.2 ISO/TC 262の組織構造（2019年3月時点）

メントにおける用語定義をISO Guide 73から引き継ぐ位置付けとなるISO 31073の開発動向が注目されるところである．そのほか，リスクマネジメント規格の派生規格としては，ISO 31022（Legal Risk Management），ISO 31030（Travel Risk Management），ISO 31050（Emerging Risk Management）などの開発・検討が進行中である．またISO 31000の活用促進を目的としたハンドブックについても作成が検討されている．

1.3 JIS化の経緯

わが国では，ISO 31000の2018年改訂に伴い，一般財団法人日本規格協会にJIS Q 31000原案作成委員会（本委員会），及びJIS Q 31000改正委員会（分科会）を設置し，“リスクマネジメント―指針”のJIS原案を作成した．この JIS原案は，日本工業標準調査会（JISC）の専門委員会の審議を経て，JIS Q 31000:2019として，2019年1月21日付で公示された．

1.3.1 JIS化の趣旨

ISO 31000をJIS化する趣旨は，まず，リスクマネジメントの普及と啓蒙にある．特に，社会が高度化すると潜在するリスクは大きくなる．リスクの大きな社会では，これまでのように失敗に学びながら経営及び現場の管理技術を改善していくという仕組みだけでは，健全な経営が行えなくなってきている．

このような経営環境の変化に対応するために，企業運営におけるマネジメント技術としてリスクマネジメントという管理技術が導入され始めた．そして，そのリスクマネジメントの適用範囲が広がり，様々な分野及び業界で，広く用いられるようになってきており，リスクマネジメントは，組織のマネジメントとして不可欠なものとなっている．また，ISO 31000が他の規格，例えばISO/IEC 27001などのマネジメントシステム規格の基礎若しくは参照文書となっていることから，前述の社会的影響のほか，ISO 31000のもつ影響を考えてというものである．

これらの状況を踏まえ，JIS Q 31000改正委員会では，ISO 31000の発行後1年以内に改正JIS Q 31000を発行することとした．

この規格の特徴は，本書第2章で詳解されるように，旧版と比較してより実務に即したものとなっていることであり，主な改正点は次のとおりである．

① 原則（箇条4）において，“価値の創出及び保護”をリスクマネジメン

トの目的として上位概念に位置付け，その下に8原則を展開する構造とした．

② 枠組み（箇条5）において，従来のPDCAの考え方から，“リーダーシップ及びコミットメント”に基づいて，組織のマネジメントシステムへの“統合”の概念，すなわちリスクマネジメントと組織の他のマネジメントとが分離しないような新たなPDCAサイクルを示した．

③ プロセス（箇条6）において，リスクアセスメントを効率よく行うために，“リスク基準”と“記録作成及び報告”を追加した．さらに，リスクアセスメント及びリスク対応などの各細分箇条も，実施する際にわかりやすい記述へと変更した．

1.3.2　委員会の活動

JIS Q 31000の改正作業は，主に分科会（JIS Q 31000改正委員会）が中心になり行われた．分科会では，改正JIS Q 31000を遅滞なく発行するために，ISO 31000のFDISの段階から翻訳作業を開始した．その結果，分科会は8回，本委員会は1回開催された．また会合以外にも，電子メールなどによる意見交換を実施した．

1.3.3　JIS化の基本方針

ISO 31000をJIS化するに当たり，以下をJIS化の基本方針とした．

・規格の内容を正しく反映した訳語である．
・リスクマネジメントを実施する者が混乱をしない訳語である．
・他のマネジメントと共通に使われる用語は，極力，他の規格と同様の用語を用いて混乱を防止する．
・日本語として特殊な言い回しにならないように留意する．
・日本語として適切な訳語がない場合は，そのまま片仮名表記とする．

・英語の規格と翻訳文の内容とを比較しやすいようにするため，次の点に注意する．
　— 一つの英単語には，一つの日本語で対応することを原則とする．
　— 一つの用語が，名詞及び動詞で使用されている場合は，別の訳語の使用を可とする．
・異なる英語には，異なる日本語を対応させる．

特に，片仮名に関してはなるべく使用しない方向で審議検討を行ったが，適切な日本語がない場合には，前述の方針のように，片仮名を使用せざるを得なかった．また，ISO 31000 が ISO/IEC 27001 などのマネジメントシステム規格にも参照されていることを考慮して，他の規格との親和性（用語の使い方）にも考慮した．さらに，ISO 31000:2018 は旧版に比べると簡素化されていること，並びにリスクに関する複合語（例：リスクアセスメント）が削除されたことから，必要な用語は JIS 規格票巻末に収録する解説（以下，JIS 解説という）に記載することとした．JIS 解説には，そのほかに単語に関しても，翻訳に際して留意した事項を必要に応じて記述した．

本書では，2018 年改訂により削除された用語，本規格の重要な用語に関する翻訳について，第 2 章 2.3.9 及び 2.3.10 で示している．

1.3.4　JIS 化委員会で問題となった事項

JIS 化，すなわち翻訳作業を行うに当たり，問題となった事項がある．その多くは，ISO 31000:2018 に掲載されている用語と，訳出に関することである．

前者は，今改訂によりリスクに関する複合語が多数削除された結果，リスクマネジメントの構築・実施運用に重要な用語が規格から抜けたことである．そのため，必要最小限の用語（不確かさ，リスクマネジメントの枠組み，リスクマネジメント方針，リスク所有者，リスクマネジメントプロセス，リスク特定，リスク特徴，リスク分析，リスク基準，リスクレベル，リスク評価，リスク対応，残留リスクなど）について前述のとおり JIS 解説に掲載した（本書では第2章 2.3.9 参照).

後者に関しては，例えば“management”の訳をどのようにするかについて議論が行われた．詳細は後述するが，これについて JIS Q 9001 などでは“management”を“マネジメントを行う”と訳出しており，JIS Q 31000 においてもこれらのマネジメントシステム規格との親和性を考慮して“マネジメントを行う”とした．また，“accountability”を従来の“説明責任”から“アカウンタビリティ”に変更したほか，JIS の旧版における訳語から変更したものが幾つかある．JIS 解説には，変更に至った背景なども記述している（本書では第2章 2.3.10 参照).

1.3.5　JIS Q 31000 の使い方

JIS Q 31000:2010 が発行された後，ISO 9001，ISO 14001 の 2015 年版などではリスクに基づく考え方が前面に押し出されてきており，ISO 31000 をいかにこれらのマネジメントシステムと調和させるのかという問題が提起されている．

分科会ではこの問題についても審議し，本規格の活用方法について JIS 解説に記述することとした．また，さらなる詳細は本書第3章も参考にされたい．

1.3.6　今後の動向

リスクマネジメントの世界は，社会変化や組織の機能の多様化に伴い変化していることから，ISO でも ISO 31000 をベースとした個別リスクをマネジメントするための標準化作業や，関連規格（例えば，情報セキュリティ，事業継続など）の標準化が行われている．また，その他の規格でも ISO 31000 を参照している．

一方，JIS Q 31000 の旧版とともに発行されている JIS Q 0073:2010（リスクマネジメント―用語）に関しては，2018 年から ISO Guide 73 の改訂作業（新しい規格番号は ISO 31073）が開始されている．わが国では今後，ISO 31073 の作業の進行に応じて JIS Q 0073 の改正作業委員会を設置し，ISO 31073 の発行から遅滞なく JIS 化作業を進める予定としている．

第2章

ISO 31000:2018 の解説
（JIS Q 31000:2019）

ISO 31000:2018（以下，本規格と記す）は，活用時の事項がわかりやすいように改訂を行っているが，基本的な考え方と構成は，ISO 31000:2009（以下，2009 年版と記す）を踏襲している．

本章は，本規格の要点について，2009 年版との比較も含めて解説を行うものである．2009 年版から変更のあった箇所のうち大切と考える事項については，【旧版からの変更点】として示すので参考いただきたい．

本章の内容は，本規格を基に記述したものであるが，その規格文は翻訳規格である JIS Q 31000:2019 の表記による．

2.1 序　文

JIS Q 31000:2019

この規格は，リスクのマネジメントを行い，意思を決定し，目的の設定及び達成を行い，並びにパフォーマンスの改善のために，組織における価値を創造し保護する人々が使用するためのものである．

あらゆる業態及び規模の組織は，自らの目的達成の成否を不確かにする外部及び内部の要素並びに影響力に直面している．

リスクマネジメントは，反復して行うものであり，戦略の決定，目的の達成及び十分な情報に基づいた決定に当たって組織を支援する．

リスクマネジメントは，組織統治及びリーダーシップの一部であり，あらゆるレベルで組織のマネジメントを行うことの基礎となる．リスクマネジメントは，マネジメントシステムの改善に寄与する．

リスクマネジメントは，組織に関連する全ての活動の一部であり，ステークホルダとのやり取りを含む．

リスクマジメントは，人間の行動及び文化的要素を含めた組織の外部及び内部の状況を考慮するものである．

リスクマネジメントは，**図 1** に示すように，この規格に記載する原則，枠組み及びプロセスに基づいて行われる．これらの構成要素は，組織の中にその全て又は一部が既に存在することもあるが，リスクマネジメントが効率的に，効果的に，かつ，一貫性をもって行われるようにするためには，それらを適応又は改善する必要がある場合もある．

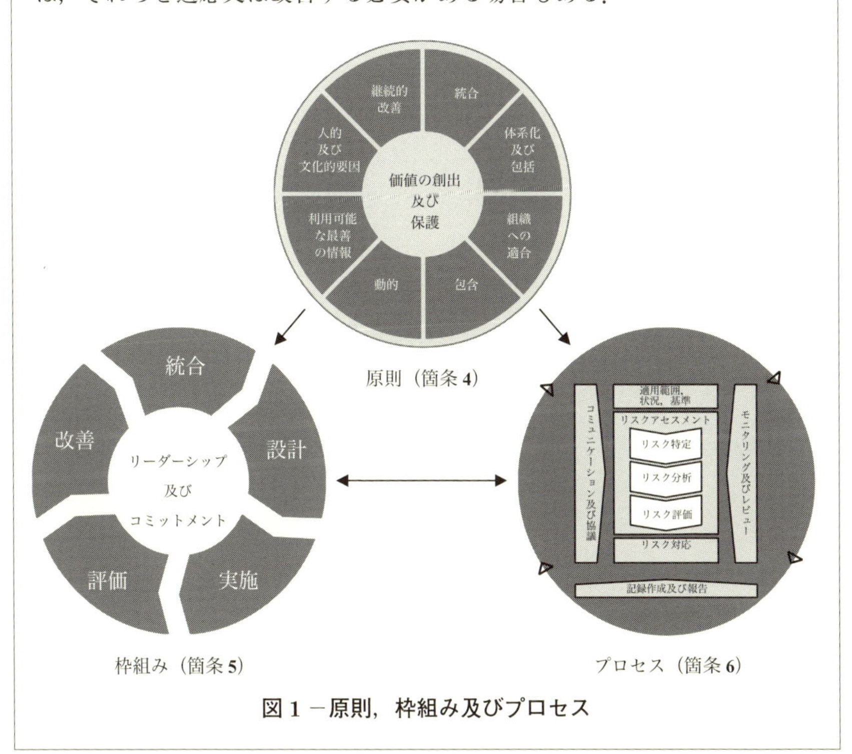

図１－原則，枠組み及びプロセス

本規格の標題は，“リスクマネジメント—指針”であり，リスクマネジメントを体系的に記述したものである．序文では，本規格が提示するリスクマネジメントが備えている本質を示している．

本規格では，まずリスクマネジメントを，組織の価値を創造し保護するものと位置付けている．リスクマネジメントは，リスクへの対応を行うことを目的とした活動と理解されているが，その基本目的を，組織目的の達成としている．そして，リスクマネジメントは，個別のリスク対応の改善にとどまらず，マネジメントの改善に寄与するとしている．このことは，ISO のマネジメントシステムにおいてリスク概念の活用が明示されたことによって，より明確なものとなった．

リスクは，組織内外の環境変化によって変化するため，リスクマネジメントは，一度行えばよいという一過性のものではなく反復して行うものである．また，リスクマネジメントは，組織内の活動に閉じるものではなく，外部ステークホルダとのやりとりも含むものである．

図 1 では，本規格における原則，枠組みとプロセスの関係を示している．

◀旧版からの変更点▶

2009 年版は，リスクマネジメントについて“体系的かつ論理的なプロセスを詳細に記述”していた．また序文では，あらゆる組織はその目標達成の成否並びにその時期を不確かにする内外の諸要因や影響に直面しており，その不確かさが組織の諸目標に与える影響が“リスク”である，と記されていた．

2009 年版も本規格も基本的な考え方は変わっていないが，2009 年版が世界で初めての標準ガイドを発表するということで基本的な記述から始めているのに対して，本規格は規格の活用に向けて，その内容を具体的に記述している．

2.2 適用範囲

JIS Q 31000:2019

1 適用範囲

この規格は，組織が直面するリスクのマネジメントを行うことに関して，適用可能な指針を示す．これらの指針は，あらゆる組織及びその状況に合わせて適用することができる．

この規格は，あらゆる種類のリスクのマネジメントを行うための共通の取組み方を提供しており，特定の産業又は部門に限るものではない．

この規格は，組織が存在している限り使用可能であり，あらゆるレベルにおける意思決定を含め，全ての活動に適用できる．

本規格は，あらゆる組織のあらゆるリスクに関するマネジメントに対応できるものである．そして本規格は，民間企業だけではなく，公的機関，一般団体のようなあらゆる組織に適用できるように策定したため，“組織”という用語で，リスクマネジメントの実施主体を示している．

また，組織における意思決定は，全社レベルの意思決定とは限定しておらず，組織における部課などの業務やプロジェクトのレベルの意思決定を支援することができる．

リスクマネジメントの適用範囲は，好ましくない影響に対応する安全活動や保険活動のような特定の分野に限られるものではなく，組織活動のあらゆる活動面において有効に機能するものである．

本規格は，ISOが策定した汎用リスクマネジメント規格であるが，リスクマネジメントの活動について一意的にこの規格を使用することを求めているわけではない．

リスクマネジメントは，それぞれの適用分野でその分野に適したマネジメントの仕組みとして定着している．業務によっては，マネジメントの一部を受けもつものとして位置付けられている活動もあり，経営の中の一部の好ましくない影響に限定して対応を行うものもある．その分野に限定して使用される限り，その仕組みはその分野において効果的であることが推定される．本規格は，現在使用されているリスクマネジメントに取って代わろうとするものではない．

リスクマネジメントは，その適用分野と同時にその組織の特徴を考慮した仕組みとするべきである．

リスクマネジメントは，多くの分野でその分野に適合したリスクマネジメントの規格が策定されている．本規格は，その既存の規格を排除するものではない．分野を限定すれば，リスクや分析の方式を限定的に決定したほうが，効率的な場合もある．既存の規格で十分であると考えられる範囲では，その規格を用いた活動を行うことで十分である．本規格で，あらゆるリスクマネジメントに共通した重要な概念，ステップについて記述しているのは，リスクマネジメントの本質を示し，リスクマネジメントに対して個別の分野として設定されていない場合や，複数の分野を横断して分析を行う場合に，リスクマネジメントを活用するために構築したものである．

また，本規格は，ISO が定める汎用規格であるが，他の規格を本規格と全く同じような規格に変更することを求めてはいない．

他の規格が本規格と矛盾しない限り，その規格の有効性は担保されている．もし，既存の規格に，本規格との矛盾点が存在する場合には，その規格の改訂時において，本規格と矛盾しないように改訂することが望ましい．

2.3 用語及び定義

本規格の用語定義は，本規格の中で使用している用語だけを取り出したものである．

本節は本規格の箇条 3（用語及び定義）の解説であるが，規格を読めばその定義の意味がすぐ理解できるものに関しては解説を行っていない．また，用語の意味は理解できても，その適用の理解が難しいものもあるが，その理解については，本書の 2.4 から 2.6 に解説してあるので，そちらを参照されたい．

本規格では，リスクマネジメントに関する用語を定義するに際して，次のような考え方で検討を行っている．

- 辞書と全く同じ用法で使用するものは含めない．
- 特別な分野にだけ使用する用語は含めない．
- 用語の定義に際し，リスクマネジメントの特定の分野やプロセスを想起させるような表現は用いず，包括的な表現とする．

以上の基本的な考え方に基づき，リスクマネジメントに使用する用語を洗い出し，その定義を行った．

2.3.1 リスク

JIS Q 31000:2019

3.1

リスク（risk）

目的に対する不確かさの影響．

注記 1 影響とは，期待されていることからかい（乖）離することをいう．影響には，好ましいもの，好ましくないもの，又はその両方の場合があり得る．影響は，機会又は脅威を示したり，創り出したり，もたらしたりすることがあり得る．

注記 2　目的は，様々な側面及び分野をもつことがある．また，様々なレベルで適用されることがある．

注記 3　一般に，リスクは，リスク源（**3.4**），起こり得る事象（**3.5**）及びそれらの結果（**3.6**）並びに起こりやすさ（**3.7**）として表される．

リスクマネジメントの内容は，リスク自体をどう捉えるかによって変わるものである．したがって，この用語の定義は本規格の示すリスクマネジメントを理解する上で重要である．

本規格のリスクの定義の特徴は，まず，リスクを目的と関係付けて定義をしたことである．これまで，リスクの把握は，リスク分析を行う担当者が自分の視点でリスクと考える事項を対象として行われてきたことが多かった．しかし，担当者の視点で捉えたリスクを全て合わせても，組織として検討が必要なリスクが整理されているという保証はない．組織にとって検討すべきリスクを特定していくためには，組織経営の視点でリスクを捉えていく必要がある．リスクが目的を設定して初めて定義できるものであることは，リスク特定の段階から組織経営の視点でリスクを特定することが必要なことを示しており，さらにこの段階での経営者の関与が不可欠であることを示している．ここで使われている“目的”という用語には，規格に記述されているように，組織が目指す様々な目標が含まれる．

また，本定義のもう一つの特徴は，影響に“好ましいもの，好ましくないもの，又はその両方の場合があり得る”としている点である．一般に，本規格のリスクの考え方は，影響は好ましいものと好ましくないものの両方と捉えられているが，この定義によれば，好ましくない影響だけをリスクの影響として捉えてもよいことがわかる．

多くの分野における既存のリスクの定義では，何らかの好ましくない影響を対象としている場合が多く，一般的な理解においても，危険，好ましくない事象が連想される用語であることが多かった．企業や事業で考慮すべきリスクの影響は，好ましいものと好ましくないものの双方があることは当然のことであるが，そのリスクの中で，例えば安全のように経営への好ましくない影響だけを扱っている場合には，その分野のリスクとして好ましい影響を考えることが必須なわけではない．

大切なのは，自分の担当している業務の範囲が，経営や事業推進においてどのような位置付けにあるかを認識した上で，対応することである．

ISOが推進している，マネジメントシステムの標準化と統合を行う上で，このリスクの考え方は大変重要である．

◀旧版からの変更点▶

2009年版では，リスクの特徴は，その不確かさにある．2009年版では，不確かさを情報，理解，知識が一部でも欠けている状態と規定したが（2009年版の2.1注記5），議論の中では，本質的に不確かなものもあるという意見もみられた．本規格では，不確かさの説明がなくなっている．

2.3.2　リスクマネジメント

JIS Q 31000:2019

3.2

リスクマネジメント（risk management）

リスク（**3.1**）について，組織を指揮統制するための調整された活動．

リスクマネジメントは，“リスク管理”と呼ばれる場合もあるが，“マネジメント”とは組織の目的を達成するためのリスクの運用と管理であり，単なる“管理”ではない．リスクマネジメントを組織経営に有効に活用するためには，これまでの業務担当を中核とする“リスク管理”という概念から，経営を中核とする“リスクマネジメント”の概念に変更する必要がある．

“管理”という概念は，定められた工程を守り，設定された目標を達成するということに重点が置かれるために，定められた業務を計画どおりに実施することを中心に検証することになり，そのためそれが業務担当の役割と認識される場合が多い．

一方，“マネジメント”は，その目標設定や必要な資源の配分なども含めて，組織の内外状況に合わせて，柔軟に対応することを必要とする．特に，リスクマネジメントの前提となる目的の設定は，経営者の役割である．さらに，各担当が検討したリスク対応が他のリスクに好ましくない影響を与えることや，あるリスクの対応策が別のリスクの対応策と矛盾する場合もあり，その際の判断も経営の重要な役割である．このため，リスクマネジメントは，経営のリーダーシップがなければ成立しない仕組みとなっている．

組織目的を達成するためには，多様なリスク対応を含め，様々な調整が必要となる．

2.3.3　ステークホルダ

JIS Q 31000:2019

3.3

ステークホルダ（stakeholder）

ある決定事項若しくは活動に影響を与え得るか，その影響を受け得るか又はその影響を受けると認識している，個人又は組織．

注記　“利害関係者”を“ステークホルダ”の代わりに使用することができる．

ステークホルダをどのように捉えるかは，その組織のマネジメントの在り方に大きな影響を与える．ステークホルダの設定を誤ると，組織経営に重要なリスクを見落とすことにもなり得る．

自組織のリスクを多様な視点で検討する上でも，ステークホルダを広く捉えることが大切である．

“stakeholder”は日本語では関係者と訳される．注記における“利害関係者”とは，“interested party”の日本語訳であるが，本来，“interested party”は非英語圏でもわかりやすいように，“stakeholder”の代わりに使用することとなったものであり，利害関係者という別の訳を使用するものではないが，日本における慣習を前提に，今回の訳とした．

2.3.4　リスク源

JIS Q 31000:2019

3.4

リスク源（risk source）

それ自体又はほかとの組合せによって，リスク（**3.1**）を生じさせる力を潜在的にもっている要素．

リスク源は，リスクを生み出す原因となるものである．

リスク源は，安全等の分野では，“ハザード（潜在的危険要因）”と呼ばれることもある．本規格では，この源のポテンシャルによって，影響に好ましい影響と好ましくない影響が生まれる可能性があるので，リスク源という用語を採用している．

リスク源は，システム，物質，自然現象のほかに，組織文化，社会価値，組織員，ステークホルダなど様々なものがその対象となり得る．

2.3.5　事　象

JIS Q 31000:2019

3.5

事象（event）

ある一連の周辺状況の出現又は変化．

注記 1　事象は，発生が一度以上であることがあり，幾つかの原因及び幾つかの結果（**3.6**）をもつことがある．

注記 2　事象は，予想していたが起こらないこと，又は予想していなかったが起きることがある．

注記 3　事象がリスク源であることもある．

事象とは，何かが起こり状況が変化することだけではなく，起きると予想されていたことが起こらないこと，も含まれる．

2.3.6　結　果

JIS Q 31000:2019

3.6

結果（consequence）

目的に影響を与える事象（**3.5**）の結末．

注記 1　結果は，確かなことも不確かなこともあり，目的に対して好ましい又は好ましくない直接的影響又は間接的影響を与えることもある．

注記 2　結果は，定性的にも定量的にも表現されることがある．

注記 3　いかなる結果も，波及的影響及び累積的影響によって増大することがある．

結果はリスクのもつ要素の一つで，好ましい影響も好ましくない影響も含まれる．

結果は，事象の結末，すなわち被害，災害という結末をもたらすこともあれば，利益の獲得という結末をもたらす場合もある．

表現も大規模事故，小規模事故という定性的な場合もあれば，1億円の被害というように定量的に表現される場合もある．言い換えれば，結果はその状況を定量的に示すことができるとは限らず，定性的な状況として示されることがある．

結果は，その発生状況によって大きく変化する場合があり，影響の種類も大きさも一定になるとは限らず，リスクの不確かさの要素の一つになる．リスクを検討する際に，影響が変化する場合には，その変化を踏まえた分析が必要となる．

2.3.7　起こりやすさ

JIS Q 31000:2019

3.7

起こりやすさ（likelihood）

何かが起こる可能性．

注記 1　リスクマネジメント（**3.2**）では，“起こりやすさ”という用語は，何かが起こるという可能性を表すために使われる．“起こりやすさ”の定義，測定又は判断は，主観的か若しくは客観的か，又は定性的か若しくは定量的かを問わない．

また，“起こりやすさ”は，一般的な用語を用いて表現するか，又は数学的（例えば，発生確率，所定期間内の頻度など）に表現するかは問わない．

注記 2　幾つかの言語では，英語の“likelihood（起こりやすさ）”と全く同じ意味の語がなく，同義語の“probability（発生確率）”がしばしば使用される．しかし，英語の“probability”は，数学用語としてしばしば狭義に解釈される．したがって，リスクマネジメント用語では，英語以外の多くの言語において“probability”がもつような幅広い解釈がなされることが望ましいという意図の下で“likelihood”を使用する．

起こりやすさは，結果と同じくリスクの要素であり，リスクの不確かさをもたらす要素の一つである．

起こりやすさの表現として，数学的な定義による確率や頻度等の定量的指標を用いることもあれば，起こりやすい，起こりにくいという定性的な指標を用いる場合もある．定量的な表記も，時間確率やデマンド確率等の幾つかの表記の仕方がある．

起こりやすさは，ISO/IEC Guide 73:2002 では確率と表現されていたものである．本規格で起こりやすさという表現に変更したのは，確率という言葉が数学的な定義と混同されて使用されることを避けるためである．

2.3.8　管理策

JIS Q 31000:2019

3.8

管理策（control）

リスク（**3.1**）を維持及び／又は修正する対策．

注記 1　管理策は，リスクを維持及び／又は修正するプロセス，方針，方策，実務又はその他の条件及び／若しくは活動を含む．ただし，これらに限定されない．

注記 2　管理策が，常に意図又は想定した修正効果を発揮するとは限らない．

管理策は，リスクを維持又は修正する対策であり，好ましくない影響の削減だけに限定されるものではない．

2.3.9　改訂により本規格から削除された用語

2009年版に記載されていて，本規格から削除された用語について，以下に示す．なお，《 》内は，2009年版における該当箇所である．

a)　不確かさ（uncertainty）《2.1　注記5》

事象，その結果又はその起こりやすさに関する，情報，理解又は知識が，たとえ部分的にでも欠落している状態をいう．

b)　リスクマネジメントの枠組み（risk management framework）《2.3》

組織全体にわたって，リスクマネジメントの設計，実践，モニタリング，レビュー，継続的改善の基盤及び組織内の取決めを提供する構成要素の集合体．

注記1　基盤には，リスクを運用管理するための方針，目的，指令，コミットメントなどが含まれる．

注記2　組織内の取決めには，計画，相互関係，アカウンタビリティ，資源，プロセス，活動などが含まれる．

注記3　リスクマネジメントの枠組みは，組織の全体的な戦略上，運用上の方針及び実務の中に組み込まれる．

c)　リスクマネジメント方針（risk management policy）《2.4》

リスクマネジメントに関する組織の全体的な意図及び方向性を表明したもの．

d)　リスクマネジメント計画（risk management plan）《2.6》

リスクマネジメントの枠組みの中で，リスクの運用管理に適用されるべき取組み，運用管理の構成要素及び資源を規定した構想．

注記1　運用管理の典型的構成要素には，手順，実務，責任の割当て，活動の順序，活動の実施時期などが含まれる．

注記2　リスクマネジメント計画は，特定の製品，プロセス及びプロジェクト，並びに組織の一部又は全体に適用できるものである．

e)　リスク所有者（risk owner）《2.7》

リスクを運用管理することについて，アカウンタビリティ及び権限をもつ人又は主体.

f)　リスクマネジメントプロセス（risk management process）《2.8》

コミュニケーション，協議及び組織の状況の確定の活動，並びにリスクの特定，分析，評価，対応，モニタリング及びレビューの活動に対する，運用管理方針，手順及び実務の体系的な適用.

g)　組織の状況の確定（establishing the context）《2.9》

リスクの運用管理において考慮するのが望ましい外部及び内部の要因を規定し，リスクマネジメント方針に従って適用範囲及びリスク基準を設定すること.

（著者注：リスクマネジメント方針に従って，リスクを運用管理し，プロセスの適用範囲及びリスク基準を設定する場合には，考慮すべき外部及び内部の要因を定めること.）

h)　外部状況（external context）《2.10》

組織が自らの目的を達成しようとする場合の外部環境.

注記　外部状況には，次の事項を含むことがある

－国際，国内，地方又は近隣地域を問わず，文化，社会，政治，法律，規制，金融，技術，経済，自然及び競争の環境

－組織の目的に影響を与える主要な原動力及び傾向

－外部ステークホルダとの関係並びに外部ステークホルダの認知及び価値観

i)　内部状況（internal context）《2.11》

組織が自らの目的を達成しようとする場合の内部環境.

注記　内部状況には，次の事項を含むことがある.

－統治，組織体制，役割及びアカウンタビリティ

－方針，目的及びこれらを達成するために策定された戦略

－資源及び知識として見た場合の能力（例えば，資本，時間，人員，プロセス，システム及び技術）

－情報システム，情報の流れ及び意思決定プロセス（公式及び非公

式の双方を含む．）

－内部ステークホルダとの関係並びに内部ステークホルダの認知及び価値観

－組織文化

－組織が採択した規格，指針及びモデル

－契約関係の形態及び範囲

j)　コミュニケーション及び協議（communication and consultation）《2.12》

リスクの運用管理について，情報の提供，共有又は取得，及びステークホルダとの対話を行うために，組織が継続的に及び繰り返し行うプロセス．

注記 1　情報は，リスクの存在，特質，形態，起こりやすさ，重大性，評価，受容可能性，対応又はその他の運用管理の側面に関係することがある．

注記 2　協議とは，ある事柄に関する意思決定又は方向性の決定に先立って，組織とそのステークホルダとの間で行われる，その事柄についての情報に基づいたコミュニケーションの双方向プロセスである．協議は，次のようなものである．

－権力によってではなく，影響力によって，意思決定に影響を与えるプロセスである．

－共同で意思決定を行うことではなく，意思決定に対するインプットとなる．

k)　リスク特定（risk identification）《2.15》

リスクを発見，認識及び記述するプロセス．

注記 1　リスク特定には，リスク源，事象，それらの原因及び起こり得る結果の特定が含まれる．

注記 2　リスク特定には，過去のデータ，理論的分析，情報に基づいた意見，専門家の意見及びステークホルダのニーズを含むことがある．

l）　事象（event）《2.17》

ある一連の周辺状況の出現又は変化.

注記1　事象は，発生が一度以上であることがあり，幾つかの原因をもつことがある.

注記2　事象は，何かが起こらないことを含むことがある.

注記3　事象は，“事態”又は“事故”と呼ばれることがある.

注記4　結果にまで至らない事象は，“ニアミス”，“事態”，“ヒヤリハット”又は“間一髪”と呼ばれることがある.

m）結果（consequence）《2.18》

目的に影響を与える事象の結末.

注記1　一つの事象が，様々な結果につながることがある.

注記2　結果は，確かなことも不確かなこともあり，目的に対して好ましい影響又は好ましくない影響を与えることもある.

注記3　結果は，定性的にも定量的にも表現されることがある.

注記4　初期の結果が，連鎖によって，段階的に増大することがある.

n）　リスク特徴（risk profile）《2.20》

あらゆる一連のリスクの記述.

注記　一連のリスクには，組織全体にかかわるリスク，組織の一部にかかわるリスク又はそれ以外の別途規定したリスクを含むことがある.

o）　リスク分析（risk analysis）《2.21》

リスクの特質を理解し，リスクレベルを決定するプロセス.

注記1　リスク分析は，リスク評価及びリスク対応に関する意思決定の基礎を提供する.

注記2　リスク分析は，リスクの算定を含む.

p）　リスク基準（risk criteria）《2.22》

リスクの重大性を評価するための目安とする条件.

注記1　リスク基準は，組織の目的並びに外部状況及び内部状況に基づいたものである.

注記 2　リスク基準は，規格，法律，方針及びその他の要求事項から導き出されることがある．

q）リスクレベル（level of risk）《2.23》

結果とその起こりやすさとの組合せとして表される，リスク又は組み合わさったリスクの大きさ．

r）リスク評価（risk evaluation）《2.24》

リスク及び／又はその大きさが，受容可能か又は許容可能かを決定するために，リスク分析の結果をリスク基準と比較するプロセス．

注記　リスク評価は，リスク対応に関する意思決定を手助けする．

s）リスク対応（risk treatment）《2.25》

リスクを修正するプロセス．

注記 1　リスク対応には，次の事項を含むことがある．

－リスクを生じさせる活動を，開始又は継続しないと決定することによって，リスクを回避すること．

－ある機会を追求するために，リスクを取る又は増加させること．

－リスク源を除去すること．

－起こりやすさを変えること．

－結果を変えること．

－一つ以上の他者とリスクを共有すること（契約及びリスクファイナンシングを含む．）．

－情報に基づいた意思決定によって，リスクを保有すること．

注記 2　好ましくない結果に対処するリスク対応は，“リスク軽減”，“リスク排除”，“リスク予防”及び“リスク低減”と呼ばれることがある．

注記 3　リスク対応が，新たなリスクを生み出したり，既存のリスクを修正したりすることがある．

t）残留リスク（residual risk）《2.27》

リスク対応後に残るリスク．

注記1　残留リスクには，特定されていないリスクが含まれることがある.

注記2　残留リスクは，“保有リスク”としても知られている.

2.3.10　本規格の重要な用語に関する翻訳

ISO 31000は，英語で議論され，英語とフランス語で発行される. 英語で作成された規格を翻訳する際には，その意味を正しく伝えることが大事になる. 以降では，本規格を理解する上で重要な用語の翻訳に関して解説を行う.

a）“accountability”，アカウンタビリティ

“accountability”とは，説明を行いその説明した事項に対して責任を取ることである. 一般的に“説明責任”と訳されているが，単に“説明できればよい”との誤解を与えるおそれがあり，片仮名表記とした.

b）“context”，状況

“context”の訳として，“状況”及び“環境”の二つを候補として検討を行った. “環境”と訳した場合は，環境マネジメントシステム規格で扱う“環境”との混乱をもたらすおそれがあり，“状況”と訳した.

なお，“the context”のように定冠詞“the”が付いて単独で使用されている場合は，“組織の状況”と訳し，意訳ではあるが，読む人が理解しやすいようにした.

c）“establishing”，確定

“establishing”には，単に制定することだけでなく，その内容を明確にし，以降のリスクマネジメントの運用のより所にするという強い意味が含まれていると考えられる. “特定”という訳も考えられたが，“identification”の訳と同じになってしまう. “establishing the context”の定義は，“defining the external and internal parameters ...”となっており，より所として規定する意味合いで使用されているので，“確定”と訳した. 動詞の“establish”は“確定する”と訳した.

d）“identify”，特定する

“identify”には，潜在している物又は必ずしも明確になっていない物の本質的特徴を見つけ出して，その内容を明確にする意味がある．安全の分野では，“同定する”と訳されているが，一般的な用語とは言いにくい．JIS Q 14001:2015（環境マネジメントシステム―要求事項及び利用の手引）でも，“identify”を“特定する”と訳している箇所があるので，それらと整合性をもたせるために，“特定する”と訳した．

e）“implement”，実施する

“implement”の訳として，JIS Q 31000:2010では，“実践する”及び“実施する”の二つを候補として検討を行い，“implement”の，役に立つように実行するという意味を重視して，“実践する”を採用した．しかし，本規格では，ISOマネジメントシステム規格との整合性を考慮し，品質マネジメントシステム規格及び環境マネジメントシステム規格で採用されている“実施する”を採用することとした．

f）“management”，マネジメントを行う（活動を示す場合）

“management”には，活動を意味して使用されている場合及び人を意味して使用されている場合の二つがある．JIS Q 31000:2010では，活動を意味する場合は，“運用管理”と訳し，人を意味する場合には，“経営者”と訳した．

“運用管理”と訳したのは，マネジメントと管理を明確に分けることを目的としている．また，“経営者”の訳は，複数人の場合もあり，“経営層”と訳す提案もあったが，“経営者”の表現には複数人の場合も含まれるとして見送られた．

本規格では，活動を示すときの訳語の“運用管理を行う”が社会で定着しなかった経緯も考慮し，わかりやすい“マネジメントを行う”という訳とすることとした．

g）“monitoring”，モニタリング

“monitoring”の訳として，“監視”及び片仮名表記である“モニタリング”の二つを候補として検討を行った．品質マネジメント規格及び環境マネジメント規格では“監視”と訳しており，整合性の観点から“監視”と訳すのが望ましいという意見もあった．しかし，“監視”と訳した場合，機器装置の計器を注視すること，人の行動を見張ることなどが言葉の意味に含まれ，規格が求めている“継続的に状況を把握する”という意味とずれて理解されるおそれがあるため，採用しなかった．“継続的注視”と訳す案もあったが，新しい訳語にすると，かえって誤解されるおそれもあるため採用しなかった．“モニタリング”という片仮名表現は，日本語として定着してきており，その意味するところも理解されるようになってきているので，片仮名表記とした．

h）“objective”，目的

“objective”の訳として，“目的”及び“目標”の二つを候補として検討を行った．

この二つの用語の使用法は人によって異なり，指針，方向性などを示す場合に，目標を使うという人もいるし，目的を使うという人もいる．また，規格によっても訳が異なっており，JIS Q 9001:2015（品質マネジメントシステム—要求事項）では“目標”と訳しており，JIS Q 14001:2015 及び COSO（米国トレッドウェイ委員会組織委員会）では“目的”と訳している．プロジェクトマネジメントでは，方向性を示す場合に目標を使用し，具体的な内容を示す場合には，目的を用いている．このような状況から，他の規格の使用法を参考に決めることはできないが，“goal”を“到達目標”と訳しており，“objective”を目標と訳すと混乱するおそれがあり，この規格では，“objective”は“goal”の上位概念として使用されていると解釈し，“目的”と訳した．

また，日本語で目的と翻訳されることの多い“purpose”は，本規格では“意図”と翻訳をしている．

文意からみると“purpose”も“目的”と訳するほうがわかりやすい文も散見されたが，本規格で重要な概念である“objective”との差異を明確にするために，“意図”という訳語に統一した．

i）“principle”，原則

“principle”の各項目の内容は，どちらかといえば，望ましい考え方及び結果としてあるべき姿を提示しており，その意味で“原理”又は“理念”といった訳が適切ではないかとの意見があったが，その内容を，本来“principle”で示すべき論理的考え方及び行うべき活動の原則と示していると解釈し，また，JIS Q 9001:2015，JIS Q 14001:2015 など他の規格では，“原則”と訳していることから，他の規格との整合性を考慮し，“原則”と訳した．

j）“likelihood”の注記の取扱いについて

一般に英語では，“likelihood（起こりやすさ）”と“probability（発生確率）”とを使い分けており，“probability”は数学用語として用いられることが多い．一方で，“likelihood”のもつ意味を表す用語がなく，代わりに“probability”を用いる言語もあるため，ISO 31000:2018 では，英語以外の言語における“probability”と同様の，広義の解釈がなされる言語として，“likelihood”を用いている．

2.4　原　則

JIS Q 31000:2019

4　原則

リスクマネジメントの意義は，価値の創出及び保護である．リスクマネジメントは，パフォーマンスを改善し，イノベーションを促進し，目的の達成を支援する．

図2に示す原則は，有効かつ効率的なリスクマネジメントの特徴に関する指針を示し，リスクマネジメントの価値を伝え，リスクマネジメントの意図及び意義を説明したものである．原則は，リスクのマネジメントを行うための土台であり，組織のリスクマネジメントの枠組み及びプロセスを確立する際には，原則を検討することが望ましい．不確かさが目的に及ぼす影響のマネジメントを行うことが，これらの原則によって可能になることが望ましい．

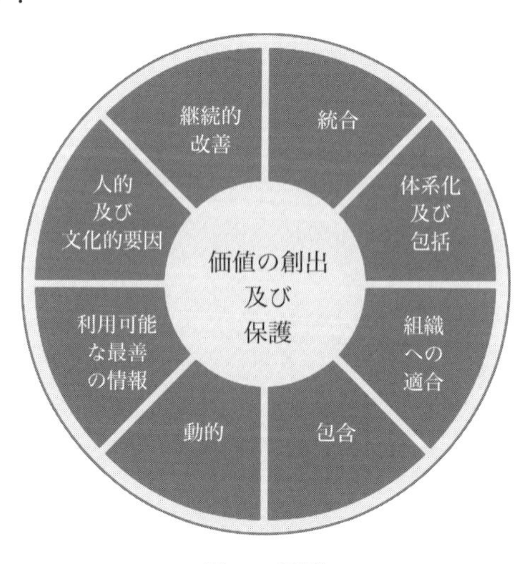

図2 －原則

この箇条では，リスクマネジメントの特性を記しているが，“価値の創出及び保護”はそのリスクマネジメントを行うための前提であり，活動としての目的である．訳語の“意義”は“purpose”の訳であり，本規格では，“objective”を“目的”と訳しているために，訳し分けている．

一般的な認識では，リスクマネジメントは，好ましくない影響を小さくするという視点で考えられており，その一方で，価値の増大については，利益を大きくしたり新製品を生み出したりというように好ましい影響を増大させるという視点で語られることが多かった．しかし本規格では，好ましい影響の増大も，好ましくない影響の減少も，共に組織の価値を生み出していることを明確に言及している．

これはリスクマネジメントを考える上で大変重要であり，リスクの影響について，好ましい影響と好ましくない影響の双方を対象としているという概念を支える基盤となる視点である．つまり，好ましい影響と好ましくない影響のバランスを考えるということは，両者を互いに相反するものと捉えるのではなく，価値創造の最大化と捉えることができるということである［本書第3章3.2.2(2)参照］.

また，リスクマネジメントの重要な使命は，意思決定を行うことである．リスク分析は，その意思決定を支援するために必要なものである．したがって，リスク分析は，判断ができるような分析を行う必要がある．リスクマネジメントでは，体系的な分析により合理的な判断を行うことが必要である．しかし，分析された情報はあくまでも意思決定者を支援するものであって，分析データにより自動的に活動の優先順位が定まるわけではない．

組織の様々なマネジメントの中でリスクマネジメントの特徴といえるのは，不確かさについての対処である．したがって，リスク分析においては，リスクのもつ不確かさを認識した分析を行うべきである．

リスクマネジメントは，パフォーマンスを改善し，イノベーションを促進し，目的の達成を支援する．

◀旧版からの変更点▶

2009年版では，価値の創出及び保護も原則の一つの要素として扱っていた．

JIS Q 31000:2019

有効なリスクマネジメントは，**図2**の要素を要求し，更に次に示すように説明することができる．

a) **統合**　リスクマネジメントは，組織の全ての活動に統合されている．

b) **体系化及び包括**　リスクマネジメントの，体系化され，かつ，包括的な取組み方は，一貫性のある比較可能な結果に寄与する．

c) **組織への適合**　リスクマネジメントの枠組み及びプロセスは，対象とする組織の，目的に関連する外部及び内部の状況に合わせられ，均衡がとれている．

d) **包含**　ステークホルダの適切で時宜を得た参画は，彼らの知識，見解及び認識を考慮することを可能にする．これが，意識の向上，及び十分な情報に基づくリスクマネジメントにつながる．

e) **動的**　組織の外部及び内部の状況の変化に伴って，リスクが出現，変化又は消滅することがある．リスクマネジメントは，これらの変化及び事象を適切に，かつ，時宜を得て予測し，発見し，認識し，それらの変化及び事象に対応する．

f) **利用可能な最善の情報**　リスクマネジメントへのインプットは，過去及び現在の情報，並びに将来の予想に基づく．リスクマネジメントは，これらの情報及び予想に付随する制約及び不確かさを明確に考慮に入れる．情報は時宜を得ており，明確であり，かつ，関連するステークホルダが入手できることが望ましい．

g) **人的要因及び文化的要因**　人間の行動及び文化は，それぞれのレベル及び段階においてリスクマネジメントの全ての側面に大きな影響を与える．

h) **継続的改善**　リスクマネジメントは，学習及び経験を通じて継続的に改善される．

リスクマネジメントは，その活動単独で機能することを目指すものではなく，組織内の様々なマネジメントと連携した活動として活用することが望ましい．

リスクマネジメントは，分析から対策までを一貫した視点で実施するものである．また，リスクマネジメントは，リスクが顕在化し実際に好ましくない影響を与える前，若しくは好ましい影響を得られる機会を逸する前に実施する必要がある．リスクマネジメントの分析手法は発生した事象の分析にも使用可能であるが，リスクマネジメントの本質は，事前検討にある．したがって，組織内外の状況の変化に伴うリスク変化の予兆を捉え，リスクに効率的に対応することで，より効果的なマネジメントを実施することができる．

リスクマネジメントを効果的に実施するためには，その分析が合理的に実施される必要がある．リスクには，統計的な考察が難しい場合や起こりやすさなどのリスクの要素を客観的に検討することが難しいこともある．しかし，そのような場合でも，経験による可能な限り納得性の高い方法で検討を行うことが必要である．

リスクの分析に際しては，その分野の専門家であっても，見解が異なる場合がある．その場合には，リスクの不確かさとしてその見解の差異を考慮に入れることが望ましい．さらには，分析のデータ，手法の特徴や限界を認識することによって，意思決定者に対して，より望ましい情報を提供することができる．

リスクマネジメントは画一的なものではなく，導入する組織の特徴に応じて，柔軟に構築されるものである．組織の規模，組織内の役割構成，責任者の資質によっても，リスクマネジメントの仕組みは，異なってくる．

リスクマネジメントの活用は，その組織の風土が基盤となる．リスク分析のレベルも，その手法を活用する個人の能力による場合がある．どの程度のリスクマネジメントが可能なのかは，その組織の成熟度による．リスクマネジメントに関しては，あるリスクのための対応が全ての人にとって賛同できるものとは限らない．組織内のステークホルダの存在にも十分に配慮する必要がある．

リスクマネジメントでは，その意思決定がなぜ行われたかが明らかでなければならない．そのためには，決定される意思とその前提となった情報との関係が明らかである必要がある．リスクは状況に応じて変化する．したがって，現状のリスクは定期的に見直す必要がある．特に，リスク状況に変化を与える環境が変わった場合には，リスクが変化する可能性を検討する必要がある．リスク評価の基礎となるリスク基準も，社会状況に応じて変化する場合がある．

リスク基準が適切かどうかは，常にステークホルダの価値観の変化に留意しながら検討をしておくことが重要である．

リスクマネジメントの理想的な状況を短期的に構築することは難しい．リスクマネジメントは，改善を継続することによって理想的な状況に徐々に近づいていく．言い方を変えれば，最初の段階から完璧な状況を目指す必要はないし，またその可能性はきわめて小さいといえる．最初の段階では，この規格に述べている状況と比較して，いろいろと課題が出てくるはずである．その課題を見極め，一つひとつ改善していくことを継続的改善と呼ぶ．

◀旧版からの変更点▶

2009年版にあった次の事項は，本規格で別の表現に置き換えられている．

・“リスクマネジメントは，意思決定の一部である．リスクマネジメントは，情報に基づいた選択を行い，活動の優先順位付けを行い，活動の代替方針を見分ける意思決定者を支援する．《2009年版の箇条3，c)》”

この内容は，本規格では箇条4（原則）の第1段落に“リスクマネジメントは，パフォーマンスを改善し，イノベーションを促進し，目的の達成を支援する．”という表現で置き換えられている．

・“リスクマネジメントは，不確かさに明確に対処する．リスクマネジメントは，不確かさ及びその特質並びに不確かさへの対処について，明確に考慮する.《2009 年版の箇条 3, d)》”

この内容は，本規格では箇条 4 の e)“動的”における“リスクマネジメントは，これらの変化及び事象を適切に，かつ，時宜を得て予測し，発見し，認識し，それらの変化及び事象に対応する.”と，f)“利用可能な最善の情報”における“リスクマネジメントは，これらの情報及び予想に付随する制約及び不確かさを明確に考慮に入れる.”という表現に置き換えられている.

2.5　枠組み

この箇条では，リスクマネジメントを実施するための，組織の環境整備について記述している．一般的には，マネジメントシステムとして認識されている内容であるが，ISO 31000 では，リスクマネジメントプロセスを有効に働かせる仕組みとして，構築されている．

2.5.1　一　般

JIS Q 31000:2019

5　枠組み

5.1　一般

リスクマネジメントの枠組みの意義は，リスクマネジメントを組織の重要な活動及び機能に統合するときに組織を支援することである．リスクマネジメントの有効性は，意思決定を含む組織統治への統合にかかっている．そのためには，ステークホルダ，特にトップマネジメントの支援が必要である．

枠組みの策定は，組織全体におけるリスクマネジメントの統合，設計，実施，評価及び改善を含む．**図 3** は，枠組みの構成要素を示したものである．

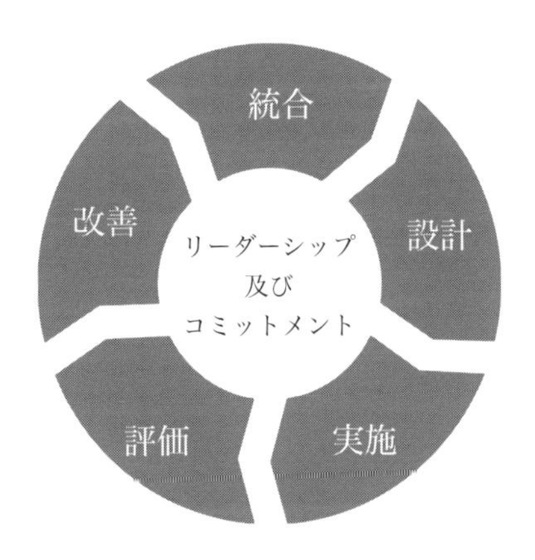

図 3 －枠組み

組織は，既存のリスクマネジメントの方策及びプロセスを評価し，かい離を分析し，枠組みの中でこれらのかい離に取り組むことが望ましい.

枠組みの構成要素と，それらの構成要素が共に機能する仕方は，組織の必要性に合わせて調整することが望ましい.

リスクマネジメントを組織において効果的に実施するためには，リスクマネジメントのプロセスを構築して実施すれば可能となるわけではない．そのプロセスを実施するための組織の環境を整備することが必要である.

本箇条における“枠組み”とは，リスクマネジメントを実施する際の，組織環境を整備するための要素について記述したものである.

枠組みの基本となる要素は，リーダーシップとコミットメントであるために，**図 3** では中核に示している．そして，このリーダーシップとコミットメントを基に，統合と PDCA の各要素によって，リスクマネジメントの枠組みを構成している．なお，枠組みの各ステップの詳細については，続く本書の 2.5.2 以降で示される.

◀旧版からの変更点▶

相違点として，2009年版の図2（リスクの運用管理のための枠組みの構成要素間の関係）では，PDCAのサイクルのP（計画）に当たる部分に対して，コミットメントが双方向の矢印で結合する構造になっていた．

2.5.2　リーダーシップ及びコミットメント

JIS Q 31000:2019

5.2　リーダーシップ及びコミットメント

トップマネジメント及び監督機関（該当する場合）は，リスクマネジメントが組織の全ての活動に統合されることを確実にすることが望ましい．また，次の事項を通じて，リーダーシップ及びコミットメントを示すことが望ましい．

- 枠組みの全ての要素を組織に合わせて実施する．
- リスクマネジメントの取組み方，計画又は活動方針を確定する声明又は方針を公表する．
- 必要な資源がリスクのマネジメントを行うことに配分されることを確実にする．
- 権限，責任及びアカウンタビリティを，組織内の適切な階層に割り当てる．

リーダーシップ及びコミットメントは，組織の次の事項を促進する．

- リスクマネジメントを，組織の目的，戦略及び文化と整合させる．
- 組織の全ての義務，及び組織の任意のコミットメントを認識し，これらに取り組む．
- リスク基準の策定の指針として組織が取ることができる，又は取ることができないリスクの大きさ及び種類を確定し，それらのリスクが組織及びステークホルダに伝達されることを確実にする．
- リスクマネジメントの価値を組織及び組織のステークホルダに伝達す

る．
- リスクの体系的モニタリングを推進する．
- リスクマネジメントの枠組みが組織の状況に対して常に適切であることを確実にする．

トップマネジメントはリスクのマネジメントを行うことに責任を負い，監督機関はリスクマネジメントを監視する責任を負う．監督機関は，しばしば次の事項を行うことを期待され又は必要とされる．
- 組織の目的を決定する際にリスクが十分に検討されることを確実にする．
- 組織が目的の追求に当たって直面するリスクを理解する．
- これらのリスクのマネジメントを行うためのシステムが実施され，有効に運用されることを確実にする．
- 組織の目的に照らして，それらのリスクが適切であることを確実にする．
- それらのリスク及びそれらのマネジメントに関する情報が適切に伝達されることを確実にする．

リスクマネジメントの運営や，そのために組織環境を整備する責任は，経営者にある．リスクマネジメントの枠組みは，個別要素を決めれば合理的に稼働するわけではなく，各要素が限られたリソースの中で有効に活動できるように調整することが必要である．

リスクマネジメントは，管理部門の業務ではなく全社の取組みである．経営者は，そのことについて自らの言葉で組織に宣言を行う必要がある．

経営者にしかできない事項に，資源の配分がある．経営者は，設定した目標を実現するために必要な環境を用意する責任がある．経営者は，リスクマネジメントの実施に当たる組織員に権限と同等のアカウンタビリティや責任を与える必要がある．

リスクマネジメントの方針について，組織が取ることのできる又は取ることのできないリスクについて，リスク基準を基に，組織員に明示する必要がある．

リスクマネジメントを実施するには，一定の資源が必要となる．リスクマネジメントの各ステップでの手順や作業量を把握し，この作業を確実に実施するために，必要な資源を投入する必要がある．特に，経営者はリスクマネジメントの必要性を明らかにするだけではなく，確実にリスクマネジメントを実施することができるための資源を把握し，その投入に対して責任をもつことが必要である．

リスクには，様々な種類があり，リスク間での関係も必ずしも簡単ではない．リスクマネジメントを実施する上で，その方針を明確にして組織間で共有することが重要である．リスクマネジメント方針を組織内で徹底するためには，その判断の合理性や他のマネジメント方針との共存性などを明らかにする必要がある．また，リスクマネジメントを実施する上で，各ステップの責任者が誰であるかを明確にすることが，リスクマネジメントの各ステップを確実に実施するためには，必要である．

リスクマネジメント方針自体も，社会の価値観や状況の変化の影響を受ける．リスクマネジメントの継続的改善の中で，リスクマネジメント方針自体を見直すことも重要な要件である．

2.5.3　統　合

JIS Q 31000:2019

5.3　統合

リスクマネジメントの統合は，組織の体制及び状況の理解にかかっている．体制は，組織の意図，目標及び複雑さによって異なる．リスクは，組織の体制のあらゆる部分でマネジメントされる．組織の全員が，リスクのマネジメントを行うことに対する責任を負っている．

組織統治は，組織の意図を達成するために，組織の方向性，組織の外部関係及び内部関係，並びに規則，プロセス及び方策を導く．経営体制は，組織統治の方向性を，望ましいレベルの持続可能なパフォーマンス及び長期的な継続性を達成するために必要な戦略及び関連する目的へと転換する．組織内部におけるアカウンタビリティ及び監視の役割の決定は，組織の統治の不可欠な部分である．

リスクマネジメントと組織との統合は，動的かつ反復的なプロセスである．この統合は，組織の必要性及び文化に合わせることが望ましい．リスクマネジメントは，組織の意図，組織統治，リーダーシップ及びコミットメント，戦略，目的並びに業務活動の一部となり，これらと分離していないことが望ましい．

リスクへの対応は，組織のあらゆる人員によって，そのあらゆる業務プロセスにおいて実行されるものである．したがって，リスクマネジメントは，他の業務活動と分離して実施するものではない．各業務において，その判断や施策の実施を行った場合の可能性を考える仕組みとして，リスクを検討する仕組みをもつことが必要である．

また，リスクマネジメントに関する組織のプロセスの統合は，一度の取組みで完成するとは限らず，組織内外の状況の変化に合わせて繰り返し行われるものである．

さらに，リスクマネジメントは，組織活動の目的や戦略と呼応し一体感をもつ必要がある．

2.5.4 設 計

JIS Q 31000:2019

5.4 設計

5.4.1 組織及び組織の状況の理解

リスクのマネジメントを行うための枠組みを設計するに当たって，組織は，外部及び内部の状況を検証し，理解することが望ましい．

組織の外部状況の検証には，次の事項が含まれる場合がある．ただし，これらに限らない．

－　国際，国内，地方又は近隣地域を問わず，社会，文化，政治，法律，規制，金融，技術，経済及び環境に関する要因
－　組織の目的に影響を与える，鍵となる原動力及び傾向
－　外部ステークホルダとの関係，並びに外部ステークホルダの認知，価値観，必要性及び期待
－　契約上の関係及びコミットメント
－　ネットワークの複雑さ，及び依存関係

組織の内部状況の検証には，次の事項が含まれる場合がある．ただし，これらに限らない．

－　ビジョン，使命及び価値観
－　組織統治，組織体制，役割及びアカウンタビリティ
－　戦略，目的及び方針
－　組織の文化
－　組織が採用する規格，指針及びモデル
－　資源及び知識として理解される能力（例えば，資本，時間，人員，知的財産，プロセス，システム，技術）
－　データ，情報システム及び情報の流れ
－　内部ステークホルダの認知及び価値観を考慮に入れた，内部ステークホルダとの関係
－　契約上の関係及びコミットメント
－　相互依存及び相互関連

これまでの仕組みとしては，リスクマネジメントは主としてリスクの特定から対応までのプロセスに関して行われてきた．しかし，本規格では，より効果的なリスクマネジメントの実施を行うためには，組織の内外の状況とその変化

をよく知ることから始めるべきとしている．これは，リスクが社会状況と遊離して認識されるものではなく，組織内外の状況が変化すればリスクも変化するからである．

考慮すべき外部状況には，リスク対応の判断や，組織の経営に直接影響を与える環境の変化が含まれる．リスクに関する価値観には，社会の文化や経済環境なども大きな影響を与える．グローバル社会となった今日では，この変化の把握は国内にとどまるものではない［本書第 3 章 3.3.2(2)①，③参照］．

そして，組織内部の状況もまた，リスクのあり方やリスク分析のあり方に大きな影響を及ぼす．リスク分析に必要な技術や人的資源，資金などが十分であるかどうかが重要なのは当然であるが，組織内の個々のリスクに対するそれぞれの部署や立場の差異による思惑も，リスクマネジメントの推進に大きな影響を与える．

JIS Q 31000:2019

5.4.2 リスクマネジメントに関するコミットメントの明示

トップマネジメント及び監督機関（該当する場合）は，リスクマネジメントに対する継続的なコミットメントを行動で示し，明示することが望ましい．これは，組織の目的及びリスクマネジメントへのコミットメントを明確に伝える方針，声明又はその他の形式で行うことができる．コミットメントには，次の事項を含めることが望ましい．ただし，これらに限らない．

－ 組織がリスクのマネジメントを行う意義，並びに組織の目的及びその他の方針とのつながり
－ リスクマネジメントを組織全体の文化に統合する必要性を強めること
－ リスクマネジメントと中核的事業活動及び意思決定との統合を主導すること
－ 権限，責任及びアカウンタビリティ
－ 必要な資源を利用可能にすること

－　相反する目的への対処の仕方

－　組織のパフォーマンス指標の中での測定及び報告

－　レビュー及び改善

リスクマネジメントに関するコミットメントを，必要に応じて，組織内及びステークホルダに伝達することが望ましい．

リスクマネジメントに関する役割は様々であり，リスクマネジメントの仕組み自体を計画どおりに運営する役割から，一つひとつのリスク分析のレベル確保等に至るまで，リスクマネジメントの各ステップにおいて，各人が自分の役割を果たすことが求められる．そして組織は，この役割の体系を明確に定め，各人に周知させる必要がある．

この体系的な活動を可能とするためには，組織においてリスクマネジメントを行う意義を共有することが大切であり，このことは経営者の重要な役割である．経営者は資源を投入するリスクマネジメントを自組織で実施する必要性について，自分の言葉で組織員に語る必要がある．

JIS Q 31000:2019

5.4.3　組織の役割，権限，責任及びアカウンタビリティの割当て

トップマネジメント及び監督機関（該当する場合）は，リスクマネジメントに関して，関連する役割のアカウンタビリティ，責任及び権限が組織のあらゆる階層で割り当てられ，伝達されることを確実にし，次の事項を行うことが望ましい．

－　リスクマネジメントは，中核的な責務であることを強調する．

－　リスクのマネジメントを行うためのアカウンタビリティ及び権限をもつ個人（リスク所有者）を特定する．

マネジメントでは，アカウンタビリティ，責任と権限は，同時に与える必要がある．責任は，“responsibility”の訳である．

リスクマネジメントを実施する上では，その活動がマネジメントにおいて中核的なものであることを組織で共有することが大事である．そして，その中核的な業務を効果的に実施するためには，その活動における権限や責任等の役割の所在を明らかにすることが重要である．

アカウンタビリティ（accountability）は，“説明責任”と訳されることが多いが，アカウンタビリティという概念は，ただ単に説明を行えばよいということではない．アカウンタビリティとは，実施する，また実施したことに対して説明を行い，その説明をしたことに対して責任を取ることである．

JIS Q 31000:2019

5.4.4　資源の配分

トップマネジメント及び監督機関（該当する場合）は，リスクマネジメントのための適切な資源の割当てを確実にすることが望ましい．資源には，次の事項が含まれる場合がある．ただし，これらに限らない．

- 人員，技能，経験及び力量
- リスクのマネジメントを行うために使用する，組織のプロセス，方法及び手段
- 文書化されたプロセス及び手順
- 情報及び知識のマネジメントシステム
- 専門的な人材開発及び教育訓練の必要性

組織は，既存の資源の能力及び制約要因を考慮することが望ましい．

経営者は，組織で実施したいリスクマネジメントのレベルに合わせて，必要な資源を用意し配分する必要がある．各担当者は，担当者としての視点で資源の必要性を経営に対して要求するが，限られた資源を有効に活用するためには，経営者は，全社経営の視点で各業務の要求に対する評価を実施し，優先順位の高いものから，確実に提供する必要がある．また，必要な資源を提供できない場合は，目的や目標を達成できないことになるため，目的や目標を変更す

る必要がある．経営者が目的や目標を設定することは，その実現に必要な環境を整える責務をもつことでもあることを忘れてはならない．

資源には，人的資源や予算等に限らず，本規格に記載があるように多様なものがある．

その中で，リスクマネジメントの事項に関わる組織員の教育も重要である．主としてリスクを分析する担当者への教育，分析した個別のリスクを組織として整理する中間管理職の教育，さらには分析したリスク情報を基に判断を行う経営者の教育は，それぞれ別の項目であり，階層別に行う必要がある．

JIS Q 31000:2019

5.4.5　コミュニケーション及び協議の確立

組織は，枠組みを支え，リスクマネジメントの効果的な適用を促進するために，コミュニケーション及び協議に対する，認められた取組み方を確立することが望ましい．コミュニケーションは，対象者とする相手との情報共有を含む．また，協議は，意思決定又はその他の活動に寄与し，これらを形成することを期待してフィードバックを提供する参加者をも含む．関連する場合，コミュニケーション及び協議の方法及び内容は，ステークホルダの期待を反映することが望ましい．

コミュニケーション及び協議は，適時に行うことが望ましい．また，関連する情報が適切に収集され，照合され，統合され，共有されること，及びフィードバックが提供され，改善がなされることを確実にすることが望ましい．

コミュニケーションや協議は，リスクマネジメントにおいて，その基礎となる大切な仕組みである．協議とは，“consultation”の訳である．

従来は，リスクに関するコミュニケーションは，分析したリスクの結果をステークホルダと共有することと捉えられることが多かった．しかし本規格では，何をリスクとして捉えるのか，また，リスク分析に必要な最新情報などを知るためにもコミュニケーションを行うものとしている．

情報開示の概念と同じように，コミュニケーションには，リスクを保有する組織や規制を行う行政から市民や関係者に対して情報を提供するという一方向の活動と，対話として双方向の活動の両者が含まれる．

リスクマネジメントの責任者は，リスクへの判断や対応に関して必要な修正を行う必要があり，このような状態を可能とするためにも，組織内部に十分なコミュニケーションの仕組みを作ることが必要である．

内部コミュニケーションと同様に，外部とのコミュニケーションの仕組みを構築することが重要である．外部のステークホルダの価値観が，社会の評価基準となる．また，リスクマネジメントの結果を外部のステークホルダに正しく伝えることが，組織の信頼を獲得するために必要なこととなる．この通常時のリスクマネジメントの結果の報告を計画的に実施し，社会から一定の評価を受けておくことは，危機時における組織が発する情報の信頼度を得るためにも有効である．リスクマネジメントにおける外部ステークホルダとのコミュニケーションは，一方向ではなく双方向のものである必要があり，組織が発する情報に対する外部ステークホルダの意見をしっかりと把握する必要がある．

リスクに関するコミュニケーションや協議は，その実施を宣言すれば可能なわけではなく，その仕組みを構築しておく必要がある．

2.5.5 実　施

JIS Q 31000:2019

5.5 実施

組織は，次の事項を行うことによって，リスクマネジメントの枠組みを実施することが望ましい．

- 時間及び資源を含めた適切な計画を策定する．
- 様々な種類の決定が，組織全体のどこで，いつ，どのように，また，誰によって下されるのかを特定する．

第2章

－　必要に応じて，適用される意思決定プロセスを修正する．
－　リスクのマネジメントを行うことに関する組織の取決めが明確に理解され，実施されることを確実にする．

枠組みの実施を成功させるためには，ステークホルダが参画し，自ら認識することが必要である．これによって，組織は，新たな不確かさ又は後続の不確かさが発生する都度，それらを考慮に入れることを可能にし，また，意思決定において不確かさに明確な形で取り組むことができる．

適切に設計され，実施されたリスクマネジメントの枠組みは，リスクマネジメントプロセスが，意思決定を含め，組織全体の全ての活動の一部になること，並びに外部及び内部の状況の変化が適切に取り入れられることを確実にする．

リスクマネジメントは，場当たり的な活動ではなく，計画されたものである必要がある．リスクマネジメントの活動は，リスクマネジメント方針を基にした体系的な活動である必要もある．リスクマネジメントによる意思決定は，常に組織目標の達成という視点で一定の整合性をもつべきであり，他のマネジメントの意思決定ともその範疇（はんちゅう）で整合性をもつようにする必要がある．

リスクマネジメントを行うためには，個々人が自分の分担作業を実施するだけでは十分ではない．リスクマネジメントの考え方がその組織において支持される必要があり，リスクマネジメントの各ステップのレベルは，バランスが取れていることが望ましい．

ある過程だけを高いレベルで実施しても，他のステップのレベルが低ければ，詳細な分析の結果も最終的には成果に反映されない．

このような状態を構築するためには，組織員の教育訓練が必要となり，教育訓練計画もリスクマネジメントの重要な一部である．特に，意思決定を行う経営層の教育も行わなければならない．

リスクマネジメントを有効に活用するためには，組織員がリスクマネジメントに関心をもつことが必要であり，外部の意見を反映したものである必要がある．そのためには，内外のコミュニケーションの計画と実施が重要である．

2.5.6 評 価

JIS Q 31000:2019

5.6 評価

リスクマネジメントの枠組みの有効性を評価するために，組織は，次の事項を行うことが望ましい．

- 意義，実施計画，指標及び期待される行動に照らして，リスクマネジメントの枠組みのパフォーマンスを定期的に測定する．
- リスクマネジメントの枠組みが組織の目的達成を支援するために適した状態か否かを明確にする．

リスクマネジメントの枠組みは，定期的にその有効性を見直すことが必要である．その枠組みは，組織に存在すればよいわけではなく，目的を達成するために有効な仕組みであることを検証していくことが必要である．

リスクマネジメントでは，実施した成果が本来目的としたレベルであったかを検証する必要がある．このことを可能とするためには，リスクマネジメントの実施に先立ち，その成果のレベルを明確にして関係者で共有しておく必要がある．

また，リスクマネジメントを継続的に実施するためには，有効な成果が得られれば良いわけではなく，その成果と投入した業務量とを比較して，その妥当性を検討することも大切である．

2.5.7　改　善

JIS Q 31000:2019

5.7　改善

5.7.1　適応

組織は，外部及び内部の変化に対応できるように，リスクマネジメントの枠組みを継続的にモニタリングし，適応させることが望ましい．それによって，組織は自らの価値を高めることができる．

リスクマネジメントの枠組みは，社会の変化に対応できるように変化させることが必要であり，継続的に枠組みに関する観察を行い，環境に適した枠組みとなるように改善する必要がある．

改善は，何かを変えればよいわけではなく，その改善がどのような効果と影響をもたらすかを検討した上で，実施することが大切である．

JIS Q 31000:2019

5.7.2　継続的改善

組織は，リスクマネジメントの枠組みの適切性，妥当性及び有効性，並びにリスクマネジメントプロセスを統合する方法を継続的に改善することが望ましい．

関連するかい離又は改善の機会が特定された時点で，組織は計画及び実施事項を策定し，実施に関してアカウンタビリティをもつ人にそれらを割り当てることが望ましい．これらの改善は，実施された時点でリスクマネジメントの向上に寄与するはずである．

継続的改善の活動で重要なことは，継続的改善活動を形式的に行うのではなく，自分の組織で実施しているリスクマネジメントの実施目的に照らし合わせて，その十分性を吟味し，リスクマネジメント活動の課題を把握することである．

リスクマネジメントの改善に際しては，5.6の評価結果を基に，合理的に行う必要がある．そして，この継続的改善を行うことによってリスクマネジメントの考え方が組織に浸透し，やがて風土として定着することになる．

リスクマネジメントを有効に活用するためには，組織風土にリスクマネジメント文化が定着する必要があるが，このリスクマネジメント文化は一朝一夕に構築されるものではなく，地道な継続的改善を持続することが必要である．

2.6　プロセス

リスクマネジメントは，組織の他の業務から独立したものではなく，業務と一体となって展開されるものである．したがって，リスクマネジメントは，その事業や組織文化によっても異なってよい．というより，異なるべきといえる．

リスクマネジメントに限らずマネジメントは，その組織の文化に根ざしたものでなくては，その有効性を発揮できない．そのため，他の組織で実施されているリスクマネジメントシステムを調査し同様のものを構築したとしても，うまくいかない場合もある．

2.6.1　一　般

JIS Q 31000:2019

6　プロセス

6.1　一般

リスクマネジメントプロセスには，方針，手順及び方策を，コミュニケーション及び協議，状況の確定，並びにリスクのアセスメント，対応，モニタリング，レビュー，記録作成及び報告の活動に体系的に適用することが含まれる．このプロセスを**図4**に示す．

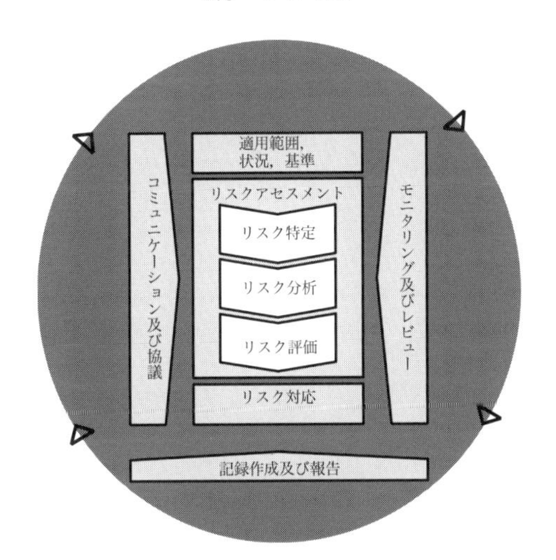

図4 －プロセス

リスクマネジメントプロセスは，マネジメント及び意思決定における不可欠な部分であることが望ましい．また，組織の体制，業務活動及びプロセスに組み込まれていることが望ましい．リスクマネジメントプロセスは，戦略，業務活動，プログラム又はプロジェクトの段階で適用することができる．

組織の目的を達成することに合わせ，かつ，適用される外部及び内部の状況に適応するために，組織の中で，リスクマネジメントプロセスが，多数適用されている場合がある．

リスクマネジメントプロセス全体にわたって，人間の行動及び文化がもつ動的で可変的な性質を考慮することが望ましい．

リスクマネジメントプロセスは，しばしば逐次的なものとして表されるが，実務では反復的である．

リスクマネジメントにおいては，その活動が他の活動と遊離せず，マネジメントや業務プロセスに組み込まれていることが大切である．

リスクマネジメントのプロセスは，全社経営だけでなく，個別の部課の活動やプロジェクトにおいても活用することができる．

リスクマネジメントのプロセスは，リスクアセスメントとリスク対応のプロセスとして認識され，関心が集まることが多い．しかし，本規格で示しているように，リスクアセスメントとリスク対応の各ステップに関して，コミュニケーションやモニタリング活動を連動させることが大切である．

また，本規格の特徴は，リスクマネジメントに先立ち，リスクマネジメントの適用範囲を明確にし，組織の内外状況を定めた上で実施することを求めている点である．さらに，リスク分析に先立ち，リスク基準を設定することを求めている．

リスクアセスメントや対応の経緯や成果については，記録することが重要である．

プロセスの各ステップの詳細については，以降に記述する．

◀旧版からの変更点▶

2009年版では，枠組みの箇条において，適用範囲やリスク基準に関して記述されていた．

2.6.2　コミュニケーション及び協議

JIS Q 31000:2019

6.2　コミュニケーション及び協議

コミュニケーション及び協議の意義は，関連するステークホルダが，リスク，意思決定の根拠，及び特定の活動が必要な理由が理解できるように支援することである．コミュニケーションは，リスクに対する意識及び理解の促進を目指す．一方，協議は，意思決定を裏付けるためのフィードバック及び情報の入手を含む．コミュニケーションと協議とを密接に組み合わせることによって，情報の機密性及び完全性，並びに個人のプライバシー権を考慮しながら，事実に基づく，時宜を得た，適切で正確かつ理解可能な情報交換が促進される．

適切な外部及び内部のステークホルダとのコミュニケーション及び協議は，リスクマネジメントプロセスの各段階及び全体で実施することが望ましい．

コミュニケーション及び協議の狙いは，次のとおりである．

－　リスクマネジメントプロセスの各段階に関して，異なった領域の専門知識を集める．

－　リスク基準を定め，リスクを評価する場合には，異なった見解について適切に考慮することを確実にする．

－　リスク監視及び意思決定を促進するために十分な情報を提供する．

－　リスクの影響を受ける者たちの間に一体感及び当事者意識を構築する．

従来，リスクコミュニケーションとは分析したリスク結果をもとにリスクが小さいことを伝えることだ，という認識が多かったが，本規格では，リスクコミュニケーションを幅広く捉えている．

本規格では，リスクコミュニケーションは，リスク分析を実施した後にその内容をステークホルダに知らせるといった限定的なものではなく，リスクマネジメントのあらゆるステップにおいて，その実効性を高めるために実施されるものと位置付けている．

なぜならば，リスクマネジメントのあらゆるステップにおいて，常に社会や組織の変化を導入する必要があるからである．

リスクマネジメントに関してステークホルダの十分な理解を得るためには，リスク対応を行った最終段階だけではなく，その分析の途中でも情報を公開し，寄せられた疑問や要求に応えながら，リスクマネジメントの内容について，ステークホルダとの理解を共有していくことが重要になる［本書第3章3.3.2(2)③参照］．

リスク分析を実施している担当者は，必ずしも組織の置かれている状況を正確に理解しているとは限らず，また，その能力が十分とも限らない．したがって，第三者から助言を受けることは大変有意義である．組織と利害の異なるステークホルダの考え方について把握するにあたっても，十分に留意する必要がある．リスク基準も含め，思い込みに陥ることなく，環境の変化を十分に把握しておく必要がある．

そのためには，コミュニケーションと同時に適切な助言を受けることができる仕組みを構築しておくことが重要である．日本ではコンサルティングといえば，外部組織の担当者による助言等を思い浮かべがちであるが，ここでいうコンサルティングとは，内部の者からの助言も含む．

リスクに関する判断は，科学的合理性のみによって実施されるわけではない．ステークホルダの価値観を知ることは，大変重要である．価値観によってリスクの重要度が変化することは当然のことであるが，時としてその事象が分析の対象とすべきリスクか否かという基本的な認識さえ変えてしまうことがある．特に，ステークホルダに関係の深いリスクに関しては，そのステークホルダの関心事を入念に把握する必要がある．

また，コミュニケーションに関しては，必要以上の機密を間違って出さないということも重要であるが，何よりも話し合いによってステークホルダの考えをマネジメントに反映させるという誠意やステークホルダに対する真摯な態度が重要である．

コミュニケーションにおいては，その内容だけではなく，その情報を媒介する人の評価も重要である．

2.6.3　適用範囲，状況及び基準

JIS Q 31000:2019

6.3　適用範囲，状況及び基準

6.3.1　一般

適用範囲，状況及び基準を確定する意義は，リスクマネジメントプロセスを組織に合わせ，効果的なリスクアセスメント及び適切なリスク対応を可能にすることである．適用範囲，状況及び基準は，プロセスの適用範囲を定め，外部及び内部の状況を理解することを含む．

リスクマネジメントを合理的に実施するためには，組織の資源に合わせてリスクマネジメントの適用範囲を定めていく必要がある．適用範囲を定めるに当たっては，組織内外の状況の変化を把握し，組織で定めたリスク基準によって分析するリスクを選定することが重要である．

(1)　適用範囲

JIS Q 31000:2019

6.3.2　適用範囲の決定

組織は，リスクマネジメント活動の適用範囲を定めることが望ましい．

リスクマネジメントプロセスは，様々なレベル（例えば，戦略，業務活動，プログラム，プロジェクト又はその他の活動）で適用されるため，検討の対象となる適用範囲，検討の対象となる関連目的，並びにそれらと組織の目的との整合を明確にすることが重要である．

取組み方を計画する際の検討事項は，次を含む．

－　目的，及び下す必要のある決定

－　プロセスにおいてとられる対策によって期待される結末

－　時間，場所，個々の包含及び除外

－　適切なリスクアセスメントの手段及び手法

－　必要とされる資源，責任，及び残すべき記録
－　他のプロジェクト，プロセス及び活動との関係

組織のマネジメントにおいて，リスクマネジメントをどの範囲にまで適用するかを明らかにしておくことは，重要である．それは，まだリスクマネジメントを適用していない業務を洗い出すことにつながるし，適用している内容の十分性を検討する上でも重要だからである．また，そのことを把握することにより，現在行われている，又は行おうとしているリスクマネジメントに対する資源投入の十分性を検討することができる．

必要な資源を投入しているか，またそれは誰の責任において行われているかを記録することは，リスクマネジメントの継続的改善において有効である．

当然ではあるが，リスクマネジメントを実施することを決定さえすれば，リスクマネジメントが正しく運用されるわけではない．リスクマネジメントを効果的かつ効率的に実施するためには，リスクマネジメント自体の諸環境も吟味する必要がある．ここに記載されているのは，その内容である．この内容をみれば，リスクマネジメントが組織の他の活動と比較して単独で存在しているのではないことが理解できるはずである．

本規格の 5.4.2 に記載されているように，リスクマネジメント活動によって到達しようとする目標を常に意識しておくことは重要である．リスクマネジメントは目標を達成するための手段であって，リスクマネジメントを精度よく実施すること自体を目的化してはならない．

(2)　外部及び内部の状況

JIS Q 31000:2019

6.3.3　外部及び内部の状況

外部及び内部の状況とは，組織が自らの目的を定め，その目的を達成しようとする状態を取り巻く環境である．

リスクマネジメントプロセスの状況は，組織が業務活動を行う外部及び

内部の環境の理解から確定されることが望ましい．また，リスクマネジメントプロセスが適用される活動の個々の環境を反映することが望ましい．

状況の理解は，次に示す理由で重要である．

- リスクマネジメントは，組織の目的及び活動に沿って実施される．
- 組織要因がリスク源になることがある．
- リスクマネジメントプロセスの意義及び範囲が，組織全体の目的と相互に関係していることがある．
- 組織は，**5.4.1** に挙げた要因を考慮することによって，リスクマネジメントプロセスの外部及び内部の状況を確立することが望ましい．

外部及び内部の状況のうち，直接的にリスクマネジメントに影響を与える項目を列挙している．

分析の対象となるリスクは，リスクの定義（本書の 2.3.1）にあるように目的に影響を与える可能性のあるものを探すために，目的を組織で共有しておくことが重要であり，その状況もリスク分析の有効性に影響をもたらす．

また，組織の重点政策への取組み姿勢なども，組織に運営や判断に影響をもたらし，リスクを生み出したり変化させたりする（本書の 2.5.4 参照）．

(3)　リスク基準

JIS Q 31000:2019

6.3.4　リスク基準の決定

組織は，目的に照らして，取ってもよいリスク又は取ってはならないリスクの大きさ及び種類を規定することが望ましい．組織はまた，リスクの重大性を評価し，意思決定プロセスを支援するための基準を決定することが望ましい．リスク基準は，リスクマネジメントの枠組みと整合させ，検討対象になっている活動に特有の意義及び範囲にリスク基準を合わせることが望ましい．リスク基準は，組織の価値観，目的及び資源を反映し，リスクマネジメント方針及び声明と一致していることが望ましい．基準は，組織の義務及びステークホルダの見解を考慮に入れて規定することが望ましい.

リスク基準は，リスクアセスメントプロセスの開始時に確定することが望ましいが，リスク基準は動的であるため，継続的にレビューを行い，必要に応じて修正することが望ましい.

リスク基準を設定するに当たっては，次の事項を考慮することが望ましい.

－　結末及び目的（有形及び無形の両方）に影響を与える不確かさの特質及び種類
－　結果（好ましい結果及び好ましくない結果の両方）及び起こりやすさをどのように定め，また，測定するか.
－　時間に関連する要素
－　測定法の一貫性
－　リスクレベルをどのように決定するか.
－　複数のリスクの組合せ及び順序をどのように考慮に入れるか.
－　組織の能力

リスク基準には，その組織のリスクに対する基本方針として設定するものと，個別のリスクカテゴリに対応してその判断基準として設定するものがある.

組織の経営方針に基づくリスク方針は，例えば，ある種の影響をもたらす可能性のあるリスクに関してはその保持を認めない，ある種のリスクに関しては，影響の大きさだけで判断する，又はその影響と対応に必要な経費との関係で決める，などの基本方針を設定することになる.

本規格では，リスク基準の決定はリスク特定の前に記述されているが，実際の活動においては，リスクごとの具体的なリスク基準に関しては，リスク特定を行った後に検討と設定を行うこともある.

リスク基準は，個別のリスクへの対応を判断するための基準としてだけでなく，組織運営に合理的な判断をもたらす基準としても作成することが求められる．そのため，リスク基準は自らの組織の状況を反映したものである必要がある．他社のリスク基準を調査し，自社に持ち込んでもそのままうまくいく保証はない．どこまでリスクを許容できるか，許容するかということは，経営者の価値観と同時に，その組織の現状におけるリスクの状況や対策に投入できる資源の状況によっても異なるからである．

リスク基準の策定に際しては，リスクの顕在化による多様な影響を見極めることが重要である．組織のリスク基準が，法規や組織に対する要求を下回ってはいけないのは，当然のことである．

なお，リスク基準の決定に当たっては，その組織がどれだけリスクを受け入れることができるかという，“リスク選好度”に依存する．リスク選好度に関しては，本書第 3 章 3.7.1(4)を参照されたい．

2.6.4　リスクアセスメント

リスクマネジメントの主要なステップは，リスクアセスメントとリスク対応である．

リスクアセスメントは，リスク特定，分析，評価から構成される．

JIS Q 31000:2019

6.4　リスクアセスメント

6.4.1　一般

リスクアセスメントとは，リスク特定，リスク分析及びリスク評価を網羅するプロセス全体を指す．

リスクアセスメントは，ステークホルダの知識及び見解を生かし，体系的，反復的，協力的に行われることが望ましい．必要に応じて，追加的な調査で補完し，利用可能な最善の情報を使用することが望ましい．

リスクアセスメントは，リスクマネジメントの一部であり，リスクを特定し，そのリスクを分析し，評価を行うというプロセスをいう．

リスクアセスメントという概念は様々な局面で使われるが，ときにはリスクマネジメントと同義で使われる場合や，日本語でリスク評価という名称で同様の内容を意味している場合もある．ある関係者の範囲で共通の理解がなされていれば，その範囲では活動に支障はないが，活動の内容を組織や分野を超えて共有しようとする場合は，社会で認知されている概念を使用することが望ましい．本規格の意義もそこにある．

リスクは社内外の状況によって変化するものであるため，リスクアセスメントは，一度行えばよいという一過性のものではなく，反復的に行うものである．

リスクアセスメントの各ステップの詳細を，以降に記す．

(1)　リスク特定

JIS Q 31000:2019

6.4.2　リスク特定

リスク特定の意義は，組織の目的の達成を助ける又は妨害する可能性のあるリスクを発見し，認識し，記述することである．リスクの特定に当たっては，現況に即した，適切で最新の情報が重要である．

組織は，一つ以上の目的に影響するかもしれない不確かさを特定するために，様々な手法を使用することができる．次の要素，及びこれらの要素間の関係を考慮することが望ましい．

－　有形及び無形のリスク源

－　原因及び事象

－　脅威及び機会

－　ぜい（脆）弱性及び能力

－　外部及び内部の状況の変化

－　新たに発生するリスクの指標

－　資産及び組織の資源の性質及び価値
－　結果及び結果が目的に与える影響
－　知識の限界及び情報の信頼性
－　時間に関連する要素
－　関与する人の先入観，前提及び信条

組織は，リスク源が組織の管理下にあるか否かを問わず，リスクを特定することが望ましい．様々な有形又は無形の結果をもたらす可能性のある2種類以上の結末が存在するかもしれないことを考慮することが望ましい．

リスク特定という概念は，“○○は組織としてその分析や対応を検討するリスクである”と決定することである．この概念は，経営者としては当然のことと理解されるが，工学分野のリスクを分析する技術者には理解が難しい場合がある．工学分野では，特定するのは危険源であり，その分析の結果リスクを把握できると教わるからである．しかし実際には，分析する対象となるリスクは事前に想定している場合が多く，リスク源から対象リスクが顕在化するシナリオを分析しているにすぎない場合が多い．

目的に影響を与えるリスクを特定する際は，目的を達成するために必要な要素を整理し，その要素に影響を与えるものとして，規格に記載されているようなリスク源や組織の強み，弱み，さらには組織の内外の状況の変化などを考慮することによって目的との関係を意識したリスク特定が可能となる．

特定すべきリスクとは，これまでの習慣からリスクといえば好ましくない影響だけに注意を奪われがちであるが，組織に好ましくない影響を与えるリスクだけではなく，目標の達成を促進する事象も含むという概念を理解する必要がある．また，ある機会を追求しないことで発生するリスクがあることも意識する必要がある．例えば，何もしないことがその実施によって獲得できるはずだった利益を獲得できないというリスクを生んだり，事後対応を怠ったために，得られるはずであった組織の信頼を得る機会を失ったりするリスクが発生することなどである．

一方，リスクの定義の解説（本書2.3.1）でも記述したように，分析対象の業務には，組織にとっての好ましくない影響だけを取り扱う場合もある．しかし，好ましくない影響を検討する場合でも，そのリスクを目標（リスク基準）より，さらに良い状況になる可能性を検討し，好ましい影響と捉えて検討することも，組織にとって有効である．

この時点で特定できなかったリスクは，この後のリスクの分析対象ともならず，対応を検討する機会もなくなる．

また，リスク特定においては，既存の価値観での特定にとどまらず，現在の社会が対応を要求しているリスクを考え，組織の変化に伴うリスクの変化を意識することが重要である．環境変化に即したリスクの特定を行うためには，変化を正しく知り新たなリスクを特定できる能力をもった人物が，その任に当たるべきである．

リスクの特定に際しては，その対応も同時に考えることが多いため，自分の管轄で対応できるリスクに限定する傾向がある．そのため，自分の部署で完結できないリスク対応に関しては，特定の段階から排除される傾向にある．さらには，現状で把握できる影響レベルをそれ以上検討しないことも多い．リスクへの適切な対応が可能かということと，リスクが潜在するということは関係がなく，考慮すべきリスクは，削減などの対応が難しくても特定をしておくことが重要である．

また，リスクは，その原因や結果においてそれぞれ不確定性をもっている．リスク特定においては，その不確定性を双方にわたって検討することが必要である．

(2)　リスク分析

JIS Q 31000:2019

6.4.3　リスク分析

リスク分析の意義は，必要に応じてリスクのレベルを含め，リスクの性質及び特徴を理解することである．リスク分析には，不確かさ，リスク源，結果，起こりやすさ，事象，シナリオ，管理策及び管理策の有効性の詳細な検討が含まれる．一つの事象が複数の原因及び結果をもち，複数の目的に影響を与えることがある．

リスク分析は，分析の意義，情報の入手可能性及び信頼性，並びに利用可能な資源に応じて，様々な詳細さ及び複雑さの度合いで行うことができる．分析手法は，周辺状況及び意図する用途に応じて，定性的，定量的，又はそれらを組み合わせたものにすることができる．

リスク分析では，例えば，次の要素を検討することが望ましい．

- 事象の起こりやすさ及び結果
- 結果の性質及び大きさ
- 複雑さ及び結合性
- 時間に関係する要素及び変動性
- 既存の管理策の有効性
- 機微性及び機密レベル

リスク分析は，意見の相違，先入観，リスクの認知及び判断によって影響されることがある．その他の影響としては，使用する情報の質，加えられた前提及び除外された前提，手法の限界，並びに実行方法が挙げられる．これらの影響を検討し，文書化し，意思決定者に伝達することが望ましい．

非常に不確かな事象は，定量化が困難なことがある．重大な結果をもたらす事象を分析する場合，これは課題になる．このような場合は，一般的に手法の組合せを用いることによって洞察が深まる．

リスク分析は，リスク評価へのインプット，リスク対応の必要性及び方法，並びに最適なリスク対応の戦略及び方法の決定へのインプットを提供する．結果は，選択を行う場合に決定を下すための洞察力を提供する．また，選択肢は，様々な種類及びレベルのリスクを伴う．

リスク分析は，あくまでもリスク対応に関する意思決定を支援するためのものであり，リスク分析の結果，自動的に対応方法が決まるものではない．それは，リスク分析に使用した情報や，分析の内容，分析の結果明らかとなったリスクに関する指標が，判断のために必要十分なものとは限らないからである．また，分析結果は，判断を裏付けるためのエビデンスとなるが，分析前に判断を推定し，その判断を正当化することを目的として分析を行ってはならない．

リスク分析においては，リスク源と結果は1対1とは限らない．一つのリスク源が，複数の結果をもたらすこともある．また，一つの結果をもたらすリスク源や顕在化シナリオが複数あることもある．

リスク分析の内容や結果は，対応の判断に有効である必要がある．そのためには，判断にはどのような情報が必要か，また重要かということを理解し，判断に耐え得る分析にする必要がある．リスク分析においては，専門家間でも，リスク源の状況や，シナリオ進展に関する確率などにおいて意見が異なることがある．その場合は，検討を行った前提，条件やデータなどを付加情報として添付し，判断者に示すことが重要である．

また，対策を考える際には，そのリスクを変化させる対応が他のリスクに対していかなる影響を与えるかを検討する必要があるため，分析においてリスクの連関を明らかにしておくことも重要である．

また，リスク分析の精度に関して，リスクの重大さによって求められる精度は異なるものである．対応において，リスク分析の精度を知ることは，その対応結果の尤度（ゆうど）の見積もりにも関わる問題であり，精度を判断できる情報を付加する必要がある．

リスク分析をどの程度まで行うか，またどのような表現が望ましいかということに対する一般的な解答はない．先に記したように判断の目的に合ったレベルが求められる．影響の大きさは，大，中，小のようなレベルで表現されることもあれば，被害額1,000万円というように定量的に求められることもある．

起こりやすさも同様である．起こりやすさは，リスクシナリオ分析において，個々の確率データベースを用いて想定される顕在化シナリオに基づき理論的に推定される場合もあれば，統計値などから推定される場合もある．

(3)　リスク評価

JIS Q 31000:2019

6.4.4　リスク評価

リスク評価の意義は，決定を裏付けることである．リスク評価は，どこに追加の行為をとるかを決定するために，リスク分析の結果と確立されたリスク基準との比較を含む．これによって，次の事項の決定がもたらされる．

－　更なる活動は行わない．

－　リスク対応の選択肢を検討する．

－　リスクをより深く理解するために，更なる分析に着手する．

－　既存の管理策を維持する．

－　目的を再考する．

意思決定では，より広い範囲の状況，並びに外部及び内部のステークホルダにとっての実際の結果及び認知された結果を考慮することが望ましい．組織の適切なレベルで，リスク評価の結果を記録し，伝達し，更に検証することが望ましい．

リスク分析の段階では，リスクの相対的重要性の比較は可能であるが，その対応について判断を行うためには，分析したリスクとリスク基準との比較によって評価することが一般的である．

意思決定においては，法規や社会的要求などを満足することが求められ，リスク分析の対象となっていない事項でも，ステークホルダに対する影響を鑑み，意思決定をすることが必要となる．

規格に記してある評価によって決定する事項は，評価対象への影響の大きな事項の順に並べられているが，実際の評価においては，まず，現状のリスク分析の内容が評価に活用できる内容かを判断し，リスク分析の精度等が判断のために不十分だと考えられる場合は，分析をやり直すことになる．

分析の内容が評価に活用できる場合は，“事業等の更なる活動を行わない”か，“対応の選択肢を検討する”か，“既存の管理策を維持する”かを検討することになる．

“既存の管理策を維持する”ということは，対応の手段として既存の管理策を維持する以外の新たな対応を行わないという判断をすることであり，リスクの保有と呼ばれる概念である．新たな対応を取らないということは，リスク分析が無駄であったということではない．新たな対応を取る必要がないということが明らかになったことが重要であり，対応の必要性はあっても，何らかの理由により対応ができないので新たな対応を見送る場合もあるが，その際でも必要な対応が実施できない状況でリスクを保持しているという状況を認識しておくことは，大変重要なことである．

リスク評価の結果，目的の達成が難しいことが明らかになることもある．この場合は，目的を見直さないと組織経営自体が大きな影響を受けることになる可能性があり，組織経営の基本である目的の見直しに着手する必要がある場合もある．

先にも記したが，このリスク評価は，対応に関する意思決定のための支援であって，意思決定自体ではないことに注意が必要である．

◀旧版からの変更点▶

“目的を再考する．”という事項は2009年版には存在せず，本規格において新たに提案された事項である．これまでは，目的は普遍の前提としてリスクを検討することが多かったが，組織内外の状況の変化によっては，目的自体の見直しを行う必要もある．

2.6.5　リスク対応

JIS Q 31000:2019

6.5　リスク対応

6.5.1　一般

リスク対応の意義は，リスクに対処するための選択肢を選定し，実施することである．

リスク対応には，次の事項の反復的プロセスが含まれる．

– リスク対応の選択肢の策定及び選定
– リスク対応の計画及び実施
– その対応の有効性の評価
– 残留リスクが許容可能かどうかの判断
– 許容できない場合は，更なる対応の実施

リスク対応は，評価によって決定した対応方針を実施するための対応を複数検討し，その効果や実効性などを考慮し，実施すべき対応策を決定することである．

対応としては，その実施計画を策定し，その効果を評価し，残留リスクの許容の可否を判断し，追加対応の必要性を検討することになる．リスク対応の各ステップについては，以降に詳細を解説する．

リスクの対応は，対策を講じたことにより，実施した対応が判断の意思決定として望んだ状況を創出していることが重要である．

このためには，リスク対応を検討するに際して，対策の費用対効果を考慮し，適した対策を選定することが求められるし，実施した対策の結果，変化したリスクが意思決定に際して目指した状況になっているか否かを確認し，十分でない場合は更なる対策の追加，変更を検討する必要がある．

リスクマネジメントにおいては，何らかの対応の実施をもって終了するわけではない．対応策の有効性を評価し，残留リスクがリスク基準を満足すること

を確認することが重要である.

(1)　リスク対応の選択肢の選定

JIS Q 31000:2019

6.5.2　リスク対応の選択肢の選定

最適なリスク対応の選択肢の選定には，目的の達成に関して得られる便益と，実施の費用，労力又は不利益との均衡をとることが含まれる.

リスク対応の選択肢は，必ずしも相互に排他的なものではなく，また，全ての周辺状況に適切であるとは限らない．リスク対応の選択肢には，次の事項の一つ以上が含まれてもよい.

－　リスクを生じさせる活動を開始又は継続しないと決定することによってリスクを回避する.
－　ある機会を追求するために，リスクを取る又は増加させる.
－　リスク源を除去する.
－　起こりやすさを変える.
－　結果を変える.
－　（例えば，契約，保険購入によって）リスクを共有する.
－　情報に基づいた意思決定によって，リスクを保有する.

リスク対応の根拠は，単なる経済的な考慮事項より幅広いため，組織の義務，任意のコミットメント及びステークホルダの見解の全てを考慮に入れることが望ましい．リスク対応の選択肢の選定は，組織の目的，リスク基準及び利用可能な資源に基づいて行われることが望ましい.

リスク対応の選択肢を選定する際に，組織は，ステークホルダの価値観，認知及び関与の可能性，並びにステークホルダとのコミュニケーション及び協議に最適な仕方を考慮することが望ましい．有効性は同じでも，ステークホルダによってリスク対応策の受け入れやすさは異なることがある.

慎重に設計し，実施したとしても，リスク対応は予想した結末を生まないかもしれないし，意図しない結果をもたらすこともある．様々な形態のリスク対応を有効にし，その有効性が維持されることを保証するためには，モニタリング及びレビューをリスク対応実施の一体部分とする必要がある．

リスク対応が，新たにマネジメントを行うことが必要なリスクをもたらす可能性もある．

利用可能なリスク対応の選択肢がない場合，又はリスク対応の選択肢によってリスクが十分に変化しない場合には，そのリスクを記録し，継続的なレビューの対象とすることが望ましい．

意思決定者及びその他のステークホルダは，リスク対応後の残留リスクの性質及び程度を知ることが望ましい．残留リスクは，文書化し，モニタリングし及びレビューし，並びに必要に応じて追加的対応の対象とすることが望ましい．

リスク対応の選択肢は，七つの種類で示されている．

① まず，リスクへの対応を実施しても，残留リスクが許容できない場合は，リスクを生み出す事業や活動を開始しない又は停止しなければならない．この判断は，以前は“リスク回避”として位置付けられていたことである．

② 次に，リスクを取る又は増加させるという選択肢は，リスクの定義に基づき，リスクの影響に好ましい影響が含まれることによって生じる選択肢である．これまで，リスクの好ましくない影響だけに着目していた際は，リスクは小さくすべきであるという前提で対応が考えられていたが，リスクの影響で好ましい影響が存在する場合には，その影響を大きくすることは，当然の対応である．

③ リスク源の除去は，好ましくない影響をなくすための最も効果的な対応策である．安全における本質安全を追求する際に推奨されている施策でもある．しかし，リスク源が好ましい影響を生み出す源泉である場合

は，この選択肢は採用できない．

④　起こりやすさを変える対応は，リスクを変化させる対応の一つである．この起こりやすさを変えるという対応は，起こりやすさを小さくする対応とは限らない．その影響が好ましい場合は，起こりやすさを大きくする対応も含まれる．

⑤　結果を変える対応策も，前記と同じくリスクを変化させる対応の一つである．この対応も，起こりやすさの変化策と同じく，影響を小さくする対応策に限定するものではなく，好ましい影響の結果は大きくする対応策も含まれる．

起こりやすさと結果の変化に関する対応策は，好ましくない影響への対応に関しては，“リスク低減”と呼ばれる．

⑥　リスクの共有は，以前は“リスク移転”と呼ばれていたものである．

⑦　最後に，リスクの保有は，評価の結果，新たな対応策を実施せずに，監視の継続にとどめるという対応である．この対応策は，リスクマネジメントにとって，重要な選択肢である．一般に，リスクが存在する場合はリスクを変化させる何らかの対応を実施すべきだと考えることもあるが，保有もしっかりとした対応であることを理解すべきである．特定したリスクには必ずリスクを変化させる対応を実施する必要があると考えれば，対応がないリスクを特定できなくなる．保有という対応は，何もしていないわけではなく，保有するという意思決定を行っていることが重要である．そのリスクを自組織に保有していることを認識していれば，その影響が大きい場合には，当該リスクを危機管理の対象にすることができる．この仕組みを活用することが，組織において想定が事象を生まないための大切なことである．

リスクの対応方針を実装化するための対応策は，その効果，コスト，実用化の可能性などを考慮して決定することになる．

対策は，一つのリスクに対して一つの対策を実行すればよいわけではなく，合理的で最も効果的な対策の組合せを検討することが重要である．

対策の選択肢を検討する際には，その影響や受け取られ方をステークホルダごとに細やかに検討しておくことが望ましい．組織内外にかかわらず，ステークホルダの立場が異なれば，同じ対策に対する評価もまた異なる．意思決定に当たり多くのステークホルダの意見を反映する仕組みをもつようにすれば，リスクマネジメントの結果が多くのステークホルダによって支持される．

全てのリスクに対して満足のいくレベルでの対応ができるとは限らないため，リスク対応には優先順位を検討しておくことが必要となる．

リスク対応は，対象としたリスクを小さくするが，別のリスクを派生させることがある．例えば，監視のヒューマンエラーを防ぐための監視機械を導入すれば，人間による見落としは少なくなるが，機械の故障による見落としの可能性が出てくる．事故の未然防止のために生産拡大のための予算を安全対策に投資すれば，事故のリスクは小さくなるが，利益拡大の可能性も小さくなる．

さらには，監視システムを導入しても時間とともにその有効レベルは減少する場合もある．リスクと同様に，対応の有効性に関しても，常に見直しが必要である．

(2)　リスク対応計画の準備及び実施

JIS Q 31000:2019

6.5.3　リスク対応計画の準備及び実施

リスク対応計画の意義は，関与する人々が取決めを理解し，計画に照らして進捗状況をモニタリングできるように，選定した対応選択肢をどのように実施するかを規定することである．対応計画には，リスク対応を実施する順序を明記することが望ましい．

対応計画は，適切なステークホルダと協議の上で，組織の経営計画及びプロセスに統合されることが望ましい．

対応計画で提供される情報には，次の事項を含めることが望ましい．

－　期待される取得便益を含めた，対応選択肢の選定の理由

－　計画の承認及び実施に関してアカウンタビリティ及び責任をもつ人
－　提案された活動
－　不測の事態への対応を含む，必要とされる資源
－　パフォーマンスの尺度
－　制約要因
－　必要な報告及びモニタリング
－　活動が実行され，完了することが予想される時期

リスク対応を合理的に推進するためには，計画的に実施する必要があり，その進捗状況を確認できるようにしておくことが望ましい．

リスクに関する対応計画は，他の業務と関係が大きい場合もあり，業務計画との連携が重要となる．

対策案の決定に関しても，誰が，どのような責任において，どのような理由により，その対策を決定したか，なぜその対策で十分と判断したか，他の対策と比較してなぜその対策を選定したかは，明確にされなければならない．

また，対策を検討する際の前提・制約なども明らかにしておくことが望ましい．

さらに，リスクマネジメントを十分に実施した後であっても，保有してよいと考えたリスクが顕在化し，影響を組織や社会に与える場合がある．その際に，危機管理によって，その影響を小さく抑えるためには，どのような準備をしておく必要があるかを検討しておくことも，リスク対応計画の一部である．

2.6.6　モニタリング及びレビュー

JIS Q 31000:2019

6.6　モニタリング及びレビュー

モニタリング及びレビューの意義は，プロセスの設計，実施及び結末の質及び効果を保証し，改善することである．責任を明確に定めた上で，リ

スクマネジメントプロセス及びその結末の継続的モニタリング及び定期的レビューを，リスクマネジメントプロセスの計画的な部分とすることが望ましい．

モニタリング及びレビューは，プロセスの全ての段階で行うことが望ましい．モニタリング及びレビューは，計画，情報の収集及び分析，結果の記録作成，並びにフィードバックの提供を含む．

モニタリング及びレビューの結果が，組織のパフォーマンスマネジメント，測定及び報告活動全体に組み込まれることが望ましい．

モニタリングとレビューは，システム改善のために行うものであり，定期的に行っていることをエビデンスとして示せばよいわけではない．その結果が，リスクマネジメントの改善に活用され，パフォーマンスの向上につながることが重要である．

継続的改善のステップとして定期的な監視とレビューを行うことは理解されているが，この監視とレビューは必要に応じて，適宜行うことが重要である．

リスクマネジメントもマネジメントである以上，その活動は，効果的かつ効率的である必要がある．パフォーマンスの側面からは十分であっても，その成果を出すために膨大な作業を必要とするような活動は定着しないし，他のマネジメントに悪い影響を与える．

しかしながら，リスクマネジメントの成果は，具体的には理解が難しいものもあり，短期的な視点でリスクマネジメントの効果や成果を見誤らないようにする必要がある．

組織内外の状況の変化を把握して，リスクの管理レベルが，社会的要求に対して後手を踏まないような日々の改善が重要である．

2.6.7　記録作成及び報告

JIS Q 31000:2019

6.7　記録作成及び報告

適切な仕組みを通じて，リスクマネジメントプロセス及びその結末を文書化し，報告することが望ましい．記録作成及び報告の狙いは，次のとおりである．

- 組織全体にリスクマネジメント活動及び結末を伝達する．
- 意思決定のための情報を提供する．
- リスクマネジメント活動を改善する．
- リスクマネジメント活動の責任及びアカウンタビリティをもつ人々を含めたステークホルダとのやり取りを補助する．

文書化した情報の作成，保持及び取扱いに関する意思決定に際しては，情報の用途，情報の機微性，並びに外部及び内部の状況を考慮することが望ましいが，考慮する事項はこれらに限らない．

報告は，組織の統治の不可欠な部分であり，ステークホルダとの会話の質を高め，トップマネジメント及び監督機関が責任を果たすことができるように支援することが望ましい．報告に当たって考慮すべき要素には，次の事項が含まれる．ただし，これらに限らない．

- 様々なステークホルダ，並びにそれらのステークホルダに特有の情報の必要性及び要求事項
- 報告の費用，頻度及び適時性
- 報告の方法
- 情報と組織の目的及び意思決定との関連性

リスクマネジメントを改善，検証するためには，リスクマネジメントプロセスの記録を取っておくことが重要である．

対応計画を文書化することは，検討の結果を知識・情報として伝えることで

もあり，計画の検証をする際のエビデンスとして使用する上でも重要である．

この際に重要なのは，記録を取ること自体を目的とせず，その利用目的を考えて，その目的にかなう記録の取り方をすることである．

この記録は，リスクマネジメント担当者を引き継ぐ際にも，重要な記録となる．新担当者が，これまでの担当者の成果を引き継いで無駄な努力をすることなく，新たな運営ができるためには，これまでのリスクマネジメントにおいて検討したこと，実施したこと，改善できたところ，課題として残ったことなどをまとめておくことが必要である．

第3章

ISOマネジメントシステムへの ISO 31000 の適用

3.1　マネジメントシステムとISO 31000

ISOの発行するマネジメントシステム規格（MSS：Management System Standards）には，表記の標準化が行われ，その中でリスク概念の適用と活用が求められている．そのリスクの概念は，ISO 31000の定義によっている．本節では，マネジメントシステムに対してISO 31000を活用する際の基本的な考え方を述べる．

3.1.1　“マネジメント”の捉え方

マネジメントシステムにおいてISO 31000を活用する際には，まず“マネジメント”の考え方を組織において共有する必要がある．わが国では，“マネジメント（management）”を“管理”と訳すことが多いが，マネジメントと管理は同じ概念ではない．以前は，“Quality Control（QC）”を“品質管理”と呼んでいたが，“Quality Management（QM）”も“品質管理”と訳してしまっているように，マネジメントと管理の概念は混同して用いられている（本書第2章2.3.2参照）．

ISOのマネジメントシステムは，管理ではなく“マネジメント”のシステムであることを認識することが，ISO 31000を活用する際には重要である．このことは，ISO 31000の考え方を解説しながら，順次述べていきたい．

3.1.2　“リスク”の捉え方とマネジメントにおける位置付け

ISO 31000における“リスク”の定義は，ISO 31000の考え方を理解するに当たり，その基本となるものである（本書第2章2.3.1参照）．

ISO 31000における“リスク”の定義は，“目的に対する不確かさの影響”である．したがって，リスクを分析する際には，目的を組織で共有しておく必要があるが，目的の提示は経営者しかできないために，ISO 31000 の定義でリスクマネジメントを考えると必然的に経営者を巻き込んだ活動とならざるを得ない．

個々の担当業務では，既に目的が設定されていると考えられる場合が多いため，この定義の意味がわかりにくいかもしれない．だが，組織や社会状況によって，組織における各業務の役割は異なってくるし，個別の業務の問題解決のための施策が，他の問題を発生させる場合もある．各業務のあり方についても，組織の目的に対して何が適切かを常に考えていく必要がある．

また，ISO 31000 では，リスクに関する検討結果は，マネジメントにおける判断を支援するとしており，リスク分析の結果，自動的に対応が決まるわけではない（本書第 2 章 2.4，旧版からの変更点 参照）．ここでも，ISO 31000 のリスクマネジメントが単なる管理ではなく，経営者の意思や判断を含んだ“マネジメント”であることがわかる．

3.1.3　マネジメントシステムへの適用

(1)　リスク概念の活用

MSS ではリスク概念を活用することになっているが，この意味についてよく理解することが望ましい．

品質では品質問題，環境では環境側面という，リスクに匹敵する概念があるが，これらがリスクと異なるのは過去の分析に終わりがちということである．リスク概念を用いるのは，将来に対する判断を行うためである．したがって，マネジメントシステムにおいてリスク概念を導入することは，将来の状況を考えた上で判断をするということである．それゆえ，これまでの課題分析のあり方も変える必要がある．

リスク概念の活用とは，品質や環境などのマネジメント活動において，リスクマネジメントプロセスを実施するということではない．いずれのマネジメントにも判断は常に必要になる．判断が必要ということは，不確かさがあるということであり，その不確かさの影響の判断は必要となっている．各規格は，ISO 31000 をリスクマネジメントシステムとしてではなく，不確かさを検討する手法として活用することで，そのマネジメント本来の目的を達成することができる．

(2)　リスクの“好ましい影響”の取扱いについて

ISO 31000 のリスクの定義によると，その影響は“好ましいもの，好ましくないもの，又はその両方の場合があり得る”とあり，必ずしも“好ましい影響（positive effect）”を考えなければならないことにはなっていない．

しかし，ISO 31000 のリスクの考え方においてわかりにくいこととして，“好ましい影響”の取扱いが挙げられることが多い．確かに現在の業務の中には，そもそも業務目的自体が好ましくない影響の管理として設定されている場合が多いため，好ましい影響の意味がわかりにくい場合があるのも事実であろう．

また，本規格のリスクの定義において，影響には好ましい影響と好ましくない影響の双方を含むということは，組織経営全般としては当然のことであるが，業務の中には，経営として対応すべき影響のうち，好ましくない影響への対応の一部を目的としている場合もある．その場合には，業務としてリスクを検討する場合に必ずしも好ましい影響を考える必要はない．この場合は，自らの業務が全組織経営の中でどのような位置付けにあるかを把握しておくことが大切である．

しかしながら，品質や環境においても，悪くなることを防ぐだけでなく，良い品質を追求することや良い環境を創造することも重要なマネジメントの課題であるはずである．また，期待値からのかい離の方向によって，好ましい，好ましくないということが分かれるとすれば，それは安全やセキュリティという分野にも当てはまる概念であろう．さらには，安全やセキュリティの対象となっている事業や施策について，安全やセキュリティだけを切り取って管理する視点から，その対象がもつ可能性について経営者の立場から複数の業務の総合評価を行う視点へと転換すれば，ISO 31000 の活用がより効果的になるであろう．

(3)　リスクの定義と“リスク及び機会”の捉え方について

ISO 31000 のリスクの定義の理解を難しくするものに，附属書 SL の 2012 年改訂版より要求されている，“リスク及び機会”を考えるということがある．この要求を字面どおりに受け取ると，どう考えても，リスクを好ましくない影響としか捉えていないと理解せざるを得ない．そのため，リスクの影響に好ましい影響を含んでいるというリスクの定義との間に矛盾があると受け取られる場合が多い．この点に関しては，ISO の規格構成において説明が足りないと受け取るしかない．

“リスク及び機会”で求めていることは，リスクの説明（本書第 2 章 2.3.1）で記述したように，ある対象について好ましい影響の視点と好ましくない影響の視点から考えるというときに，理解しやすいように“機会”と“リスク”という異なる用語で強調したものと考えていただきたい．

(4)　目的の設定のマネジメントシステムへの適用

ISO 31000 のリスクの定義は“目的に対する不確かさの影響”であるため，目的が明確でないと何がリスクであるか，またそのリスクがどの程度重要かを判断できないことになる．そのため，リスクマネジメントの活動に先立って目的を共有することは，組織の活動の大前提となる．

このことは，他のマネジメントでも同様である．良い品質とは何か，良い環境とは何かということは，組織の目的や目標によって異なってくる．自分が分析したり判断したりする活動をより有効で効果的なものとするためにも，対象を組織目的の視点で検討することが重要である．

この目的設定がマネジメントシステムにおいて必須であるということは，すなわち，マネジメントにおいて経営者のリーダーシップが必須であることを示している．

(5)　組織内外の状況の特定

リスクは本来，未来の指標であり，未来はその環境によって変化する．したがって，環境が変わればリスクは変化する，というのがISO 31000の考え方であるが，このことは他のマネジメントでも同様である．例えば，品質管理において求められる品質や対応すべき品質課題は，その時の組織や社会の状況によって変化するものである．しかしこれまでは，対応すべき課題として，これまで経験したことが課題と認識されている事象に対して検討を行ってきた．この対応の方法を未来志向に変えることが，ISOがマネジメントシステムにリスク概念を導入してきた目的である．

したがって，組織内外の状況の特定は全てのマネジメントにおいて実施すべきであるが，ISOのマネジメントシステムは標準化されているために，組織で1回分析を行いその結果を共有すればよいことになる．規格によっては，状況の特定を限定し，“課題となる状況を特定する”としているものもあるが，課題か否かは見方によって異なる．

外的状況としては，景気，競争相手の動向なども，自社のマネジメントに重要な影響をもたらすことを知るのは大切である．また，内的状況として，内部のステークホルダを意識することも重要である．自社の資金力や技術力も，マネジメントの大事な判断事項になる．

(6)　コミュニケーション

これまでのコミュニケーションとは，品質や環境などに関する活動を行ったことを情報として開示することと理解され，実施されていたことが多かった．しかしISO 31000では，本書第2章2.6.2（コミュニケーション及び協議）で述べたように，リスクの分析を行う前にコミュニケーションを実施することが求められており，これは他の規格においても適切な分析をするために必要な活動である．

品質や環境に関するマネジメントにおいても，どのような品質や環境が望ましいかは，その組織が独自に決められるものではなく，ステークホルダの考え方を把握することが大切である．

3.1.4　価値を創造し，保護するマネジメント

リスクマネジメントは，これまで，好ましくない影響の最小化と捉えられていた時期もあったが，現在は，価値を創出及び保護するものと位置付けられている．このことは，他のマネジメントにおいても同様であり，あらゆるマネジメントは何らかの価値を生み出し，保護している．この観点でみれば，全てのマネジメントは，何らかの好ましい影響と好ましくない影響を取り扱うものといって差し支えないであろう．

本節では，ISO 31000 とマネジメントシステムとの関係を論じてきた．個々のマネジメントシステムにおける ISO 31000 の活用については，以降を参考とされたい．

3.1.5　対応の効果の検証に関する件

マネジメントシステムの標準化において導入を求められている概念以外にも，ISO 31000 の内容には，マネジメントシステムの活用に有効な事項がある．

多くのマネジメントシステムの活用において有効な事項に，対応の効果の確認という事項がある．リスクマネジメントにおけるリスク対応は，リスクの好ましくない影響を低減すると考えられる対応を実施すればよいわけではなく，その対応の効果を検討して，残留リスクがリスク基準を満足していることを確認することが求められている．一つの対応でリスク基準を満足できない場合は，その次の対応を実施することが求められている．これは，他のマネジメントでも同様であり，それぞれの活動における対応の十分性を確認することが重要である．

3.2　ISO 9001 における ISO 31000 の活用

品質管理という分野において，わが国の製造業では例えば“不良品のゼロ化”を目指して，現場を中心とした様々な工夫・改善活動が行われ大きな成果を上げてきた．しかしながら，現代社会の事業環境の変化の速さと大きさを鑑みた場合，従来からの不良品管理に加えて，例えばサプライチェーンのグローバル化，製品及び生産工程における新技術の活用，人材の流動化，市場ニーズの変化など，事業環境の不確かさに対応していく必要性が今後はますます拡大していくと予想される．各企業ではそのような不確かさによる好ましい影響と好ましくない影響を考慮しながら，新たな価値の創造及び保護のための品質マネジメントを行う必要性が更に高まっている．

本節では，ISO 9001（品質マネジメントシステム―要求事項．対応規格 JIS Q 9001）への ISO 31000 の活用の必要性・意義，現状の課題，今後の対応などについて解説する．

3.2.1　ISO 9001 におけるリスク概念の活用

ISO 9001 におけるリスク概念の活用状況について概観する．

(1)　ISO 9001 におけるリスク概念の導入状況

ISO 9001 では，2012 年に改訂された附属書 SL に従い，品質マネジメントにもリスク概念を導入し，2015 年に改訂版 ISO 9001:2015 が発行された．

リスク概念の導入に関しては，効果的な品質マネジメントシステム（QMS：Quality Management Systems）を実現するために，リスクに基づく考え方が不可欠（essential）であることが大前提として記載された（0.3.3 リスクに基づく考え方）．また，QMS の計画段階，実施段階，評価段階，改善段階のそれぞれの段階においては，リスク及び機会への取組みが製品やサービスの利用者の満足のために必要であることが記載された（4.4 品質マネジメントシステム及びそのプロセス，5.1 リーダーシップ及びコミットメント，6.1 リスク及び機会への取組み，8.1 運用の計画及び管理，10.2 不適合及び是正処置）.

一方で，ISO 9001 のユーザーからは，リスクの考え方の適用に関して戸惑いの声を聞くことも少なくない．以下にその解消の手がかりとなる考え方を紹介する．

(2)　品質管理の現場

品質管理が必要とされる現場は，製品の大量生産，製品の少数・一品生産，サービスの提供など，幾つかの種類に分類することができる．これを**表 3.1** に示す．

表 3.1　品質管理の現場の種類

製品・サービスの特徴	品質に関する不確かさの状態区分	製品・サービスの品質への影響要因の例	製品・サービスの品質の不確かさ（ばらつき）	品質管理における不確かさの捉え方
製品の大量生産	製品の個体変動要因が**確かな場合**（品質管理しやすい）	生産設備・稼働条件		製品全体で見た場合，製造誤差の分布形状と因果関係が把握されていれば**不確かさはない**.
	製品の個体変動要因が**不確かな場合**（品質管理しにくい）	生産設備・稼働条件	? ?	製造誤差の分布形状及び因果関係の不確かさは**品質管理上望ましくない**.
製品の少数・一品生産／サービス提供	一般に**不確かな要素が多い**（品質管理しにくい）	生産設備・稼働条件　調整技能	?	少数・一品生産の場合には，現実的には**不確かさは残る可能性**がある.

①　大量生産の品質管理における不確かさの捉え方

品質管理の取組みでは，“客先に不良品を出さない”，“全品正常でお客様に渡す”，“不良品ゼロとなるようにコントロールする”ことなどを徹底的に追求する姿勢がある．多数の製品を出荷する際には全ての製品が許容される公差に入っていることが重要であり，そのためには多数の製品母集団全体で見たときの製品の“ばらつき”（例えば，寸法の製造誤差）の分布形状及びその要因を把握していることが管理上望ましい姿とされる．つまり，製造誤差の発生そのものは（統計的母数になれば確実にその分布形状に従うという意味において）既に不確かさではない（**表 3.1** の 1 行目），という捉え方も可能である．

他方，製造誤差の分布形状や因果関係を把握できていないこと（**表 3.1** の 2 行目）こそが不確かさであり，目指すべき品質管理のためには“不確かさはあってはならないこと”として位置付けられる製造現場も見られる（**図 3.1**）．

このような厳しいモノづくりの姿勢と理念の追求が，わが国の製造業における高い品質の基盤となってきたことは広く認められているところであるが，同時に従来の品質管理と不確かさの考え方が相入れにくい理由ともなっている．

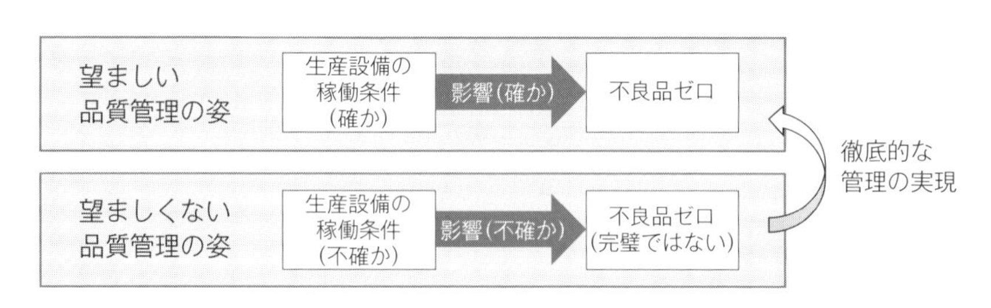

図 3.1　望ましい品質管理と不確かさ

②　少量・一品生産又はサービス提供の品質管理における不確かさの捉え方

一方，大量生産ではない少量生産又は一品生産の場合や，お客様によってニーズが大きく異なる可能性のあるサービス提供などの場合には，上述のような考え方は当てはまらない．少量・一品生産であるがゆえに把握できない各種生産設備の稼働条件の設定や，サービス業における品質の前提となるお客様の多様なニーズなどは不確かさをもつ要因として捉える必要がある（**表 3.1** の 3 行目）．

3.2.2　ISO 31000 の活用

ISO 31000 が提供するリスクマネジメントの考え方において，リスクは“目的に対する不確かさの影響（effect of uncertainty on objectives）”として定義される．これを踏まえた上で，今後有用と考えられる品質マネジメントの姿について，**図 3.2** に示すとともにその実現のためのアプローチを以下に示す．

この図において，中央の破線で囲まれた範囲が従来の大量生産における品質管理のスコープであり，一点鎖線で囲まれた範囲がより一般的な品質マネジメントのスコープである．

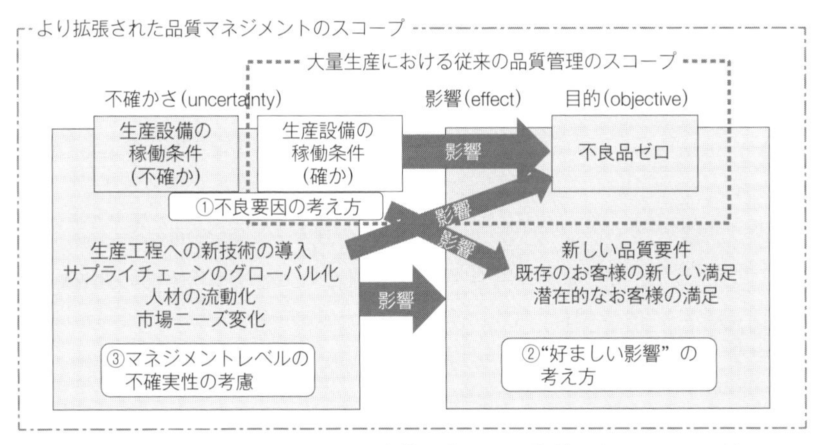

図 3.2　リスクマネジメントの定義に基づいた品質マネジメントの姿

(1)　不良要因の考え方（確かさ／不確かさ）

品質管理において求められるのは，目標に対する上方又は下方への“かい離（deviation）”に対する管理手法である．かい離を統計的に確実な確率分布として完全に捉えることができれば，全体としては不確かさの低い現象として取り扱うことができる．しかしながら，全ての生産設備の稼働条件とその不良品との因果関係を完全に把握することは，理念目標としてはあり得ても，モノづくりの現場においては製造設備の特徴などによって現実的に難しい場面もある．また大量生産の場合に限らず，例えば少量生産・一品生産の場合や無形のサービス提供のような場合においては特に，必ずしも過去に経験した事象（及びその再発防止）だけではなく未知・未経験の好ましい影響と好ましくない影響が発生する可能性がある．

“不良品の原因は全て特定・管理されてしかるべきである”，“不良品は確実な統計的分布として管理可能である”といった，大量生産の品質管理における不良品ゼロ化に向けた信念が，時として品質管理においてリスク・不確かさという概念を受け入れられない大きな壁となっている側面もあるが，今後製造現場の様々な状況に応じた新たな課題解決に取り組んでいくためにも，不確かさの影響をマネジメントするという姿勢は非常に重要なものである．

“品質管理において不確かさはあり得ない”との想念から脱却し，“品質マネジメント”として捉え直すことは有用なアプローチであると考えられる．

(2)　“好ましい影響”の考え方

現状の品質管理の現場では，前述した考え方の下で一般的にリスクとしてはもっぱら“好ましくない影響”だけを対象としており，“被害の大きさ”と“起こりやすさ”の組合せで表現されている．その状況に対して ISO 31000 の“好ましい影響”を考慮することを求められても，従来の現場の管理スコープとは異なるものとなってしまうため，品質管理の現場にはリスクという概念及び ISO 31000 が導入されにくい状況にある．

しかし，企業経営という視点で事業環境の変化も含めて見た場合，品質マネジメントはもはや現場だけで行うものではなく，経営課題として捉えるべき問題であると考えられる．例えば，品質マネジメントにおける品質目標について，“クレームのゼロ化”と設定することもできるが，“潜在的な（現段階では顧客となっていない）顧客も含めた新しい顧客満足の追求”として“好ましい影響”を盛り込んで設定することもできる．これは目指すべき品質及びマネジメントの目的設定のあり方に関する経営問題として位置付けられる観点でもある．このように品質マネジメントを新たな価値創造のための経営課題として捉え直す視点が，ISO 31000 の提供する価値でもある.

(3)　マネジメントレベルの不確かさの考慮

経営者が打ち出す品質方針，品質目標，更新計画，中期目標などを達成するためには，技術や人材，資材調達などのマネジメントも必要であり，経営レベルで行う品質マネジメントにおいては事業環境変化という不確かさに対応していく必要がある．具体的には，前述のとおり，サプライチェーンのグローバル化，製品及び生産工程における新技術の活用，人材の流動化，市場ニーズの変化など事業環境の不確かさに対応していく必要性が今後はますます増加していく．品質マネジメントも，今後は，工場の中の生産設備の稼働条件など既知の確実な状況における品質管理だけではなく，新たな品質，これから直面するであろう未知の事業環境を想定した上での対応能力が必要となり，ここにリスク概念を適用する必要性がある.

ISO 9001 はこれまで多くは“現場での品質管理（Quality Control）”に使われ，不確かさをはらむ経営課題への対応のためのツールとしての位置付けとして顧みられることが現実的には少なかったが，今後は品質マネジメントを経営課題として捉え，事業環境の不確かさに対応していくための新たなアプローチが必要になってくるものと考えられる.

(4)　ISO 9001 監査でのリスクマネジメントの位置付けの重点化

現在，日本における QMS の導入は ISO 9001 の認証取得が大きなインセンティブとなっている．したがって，上記のようなリスク概念のマネジメントへの導入拡大を推進していくためには，企業側のリスク概念導入の取組みを積極的に評価していくような監査項目の設計と監査要員の育成が有効であり，品質マネジメントの具体的な活用事例の収集・共有及び監査要員のトレーニングへの反映が効果的なアプローチと考えられる.

マネジメントシステム認証機関の認定のために用いられる ISO/IEC 17021（適合性評価―マネジメントシステムの審査及び認証を行う機関に対する要求

事項. 対応規格 JIS Q 17021）においては，認証機関の審査員の力量も要件として求められている．例えば，品質マネジメントシステムの認証機関の認定を行う際の認証機関の審査員に対する要件としてリスクベースアプローチの事例に関する知見を求める，などの取組みによって ISO 9001 におけるリスクベースアプローチの促進につながることが期待される．

補記：ISO 9001 における用語定義

ISO 9001:2015 の用語定義は，ISO 9000:2015（品質マネジメントシステム—基本及び用語. 対応規格 JIS Q 9000:2015）を引用している．その ISO 9000 では，“objective” や “risk” に関して附属書 SL にならった用語定義がなされているが，これらは ISO 31000 とは必ずしも同一ではない定義となっている（**表 3.2**）．品質マネジメントにおいては従前から品質目標（quality objective）という言葉が一般的に使われており，上位のリスクマネジメント規格における目的（objective）という言葉との混同を避けるために，このような現状となっている．この不整合の解消については ISO でも継続的に議論がなされている．

表 3.2　各 ISO 規格類における用語定義

	ISO 31000:2018	附属書 SL ISO 9001:2015
objective	—	result to be achieved （達成する結果／達成するべき結果）
risk	effect of uncertainty on objective （目的に対する不確かさの影響）	effect of uncertainty （不確かさの影響）

3.3　ISO 14001 における ISO 31000 の活用

本節では，ISO 14001（環境マネジメントシステム—要求事項及び利用の手引．対応規格 JIS Q 14001）への ISO 31000 の活用の必要性・意義，現状の課題，今後の対応などについて解説する．

3.3.1　ISO 14001 におけるリスク概念の活用

(1)　2004 年版と 2015 年版におけるリスクに関する取扱いの差異

ISO 14001:2004（以下，2004 年版）においては，組織にとってのリスク（及び機会）という概念がなく，基本的には環境側面を特定し法令等の要求事項を踏まえた上で対応する取組みを策定するという構造になっていた．ISO 14001:2015（以下，2015 年版）では，環境側面や順守義務として同様の要素を踏襲しているが，同時に組織のリスク及び機会を特定し，対応することになった（**図 3.3**）．このリスク及び機会については環境側面と順守義務のほかに，組織の外部・内部状況や利害関係者の期待なども踏まえて，組織が設定したマネジメントシステムの目的達成に関わるものを特定することになっている．

環境マネジメントシステム（EMS：Environmental management systems）におけるリスクというと，一般的には環境に悪影響を与える可能性などを連想する人が多いのではないだろうか．しかし 2015 年版では，組織の評判や訴訟

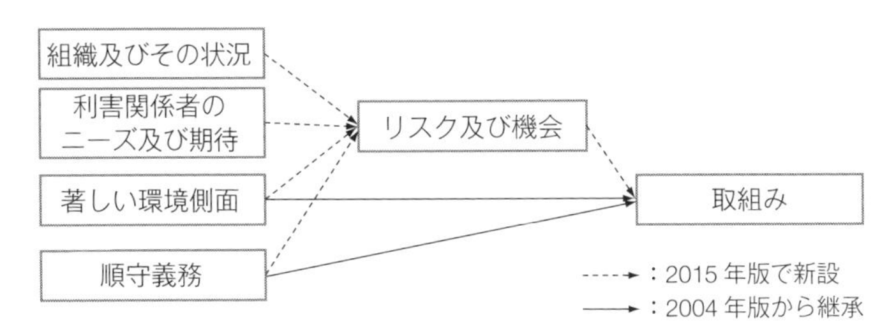

図 3.3　ISO 14001 における取組みの対象となる事項

などの法的行為も含む幅広い視野でリスクを捉える必要がある．すなわち，組織の活動により環境にどのような影響が及ぶかだけでなく，それがひいては自組織にどのように返ってくるかをリスクとしている．そのため 2015 年版の各組織への導入に当たっては，このリスクの概念に苦慮する担当者が非常に多かった．なお 2015 年版では，組織が環境に与える直接的な影響（impact）と，組織自体のリスク及び機会になる内外からの影響（effect）とを，用語としても明確に分けている．

(2)　ISO 14001 におけるリスク概念活用の必要性・意義

この大きな変化は，直接的には附属書 SL による MSS の標準化を受けたものということになる．しかし EMS を取り巻く時代の変化を考えると，実に時宜にかなったものということができる．EMS では旧来より，経営者の関与は必要なものとして取り扱われてきたが，では実際に EMS が経営の中心的な課題となっていたかというと，そうでない場合も多かった．

しかし昨今，環境破壊に関する世界の危機感の高まりを受けて，組織の環境活動に対する社会の期待は急速に増大している．気候変動や水問題，プラスチックなどの廃棄物による海洋汚染をはじめ，大きな社会問題になっている環境課題は多く，それらの課題に組織が適切に対応できなければ，ネガティブな評判はもとより，取引先からの取引打切りや投資の引上げなどに遭う可能性もある．一方で，環境配慮製品などで新たな顧客を獲得することや，環境に関する取組みが ESG 投資家に評価されて資金調達の道が広がることもあるかもしれない．つまり，環境課題は経営リスクそのものになっているのである．それを受けて企業の中期経営計画に環境に関する取組みを含む例が増えるなど，経営の中核に環境課題が来るようになっていることを踏まえると，この大きな変化に対応するために組織のリスク及び機会を適切に把握し対応することが必要である．換言すれば，リスク及び機会は EMS と経営をつなぐものということができるであろう．

(3)　リスク概念活用の課題

ISO 31000 では，リスクは“好ましい影響”，“好ましくない影響”の両方をもたらし得るものとされているが，ISO 14001:2015 でもリスク自体の定義は同様に両方の影響を含むものとなっている．しかし，規格本文においては常に“リスク及び機会”という形で，好ましい影響だけに特化した“機会”と対になって使われるため，リスクが好ましくない影響だけを含むものと誤解されがちである．ここは“リスク及び機会”を一つの用語として捉え，ISO 31000 の“リスク”と同様の使い方をすると考えることで混乱を避けることができる．

3.3.2　ISO 31000 の活用

(1)　ISO 14001 全体の運用における ISO 31000 の考え方の活用

前述のとおり 2015 年版では，組織が定めた環境マネジメントシステムの目的達成を確実にするために，組織にとってのリスクと機会を特定し対応する必要がある．このリスクと機会に関連する部分は，基本的に ISO 31000 の考え方を活用することができる．これは元々，附属書 SL に ISO 31000 の考え方が取り込まれた結果生まれているため当然のことである．

具体的には，リスク及び機会を特定するための各種情報収集・分析と，リスク及び機会の特定，リスクや機会に対する取組みの計画策定，環境目標の設定が該当する．ISO 14001 はリスクマネジメント規格ではないため，具体的なリスクの特定方法や評価については触れられていない．この辺りは，ISO 31000 のプロセスの説明の中に参考となる情報があると考えられる．

以上が大きな活用箇所であるが，実は ISO 31000 は非常に柔軟な規格であるため，それ以外の部分でも技法のガイドとして活用できる箇所がある．代表的な箇所が，環境側面とそれに伴う環境影響を決定し，著しい環境側面を決める部分である．具体的な内容については以降で説明する．

(2) 規格における ISO 31000 の活用箇所

① 組織の状況（箇条 4）

本書 3.3.1(2)に記したとおり，昨今は環境に関連する社会の状況が大きく変化しており，またそれを受けて組織の戦略も EMS と影響し合うものが増えている．そのような中で組織の外部及び内部状況の特定は非常に重要な作業である．2015 年版の ISO 14001 においても附属書 A で解説されており，組織の状況に関連する事項が環境，社会，組織内部の三つの観点で整理されている．ISO 31000 では，このうち社会と組織内部に関する事項についてより詳細な例示がなされているため，作業に当たって参考にすることが可能である．

なお 2015 年版においては，4.1（組織及びその状況の理解）のほかに 4.2（利害関係者のニーズ及び期待の理解）が別途設定されているが，ISO 31000 ではこれらは 5.4.1（組織及び組織の状況の理解）の中に含まれている．

② 環境側面（6.1.2），環境影響

この細分箇条では附属書 SL の中にある ISO 31000 の要素は使われていないが，本来 ISO 31000 はより柔軟なガイドラインであるため，この細分箇条における活用が十分に可能である．

ISO 31000 の柔軟性は多分にそのリスクの定義に現れている．本書 3.2.2(2)にもあるとおり，附属書 SL では目的は所与のものとしてリスクを“不確かさの影響”と定義するが，ISO 31000 では“目的に対する不確かさの影響”と定義されている．これにより，目的の設定次第で様々なところにリスク概念を適用することができる．

2015 年版では，リスク及び機会を組織にとってのものと規定しているが，ISO 31000 では更に幅広く，一般的なリスクと考えられるものに適用できる．影響を受けるのが自らの組織でなくともかまわないのである．例えば，環境側面とそれに伴う環境影響の決定に関しては，リスク管理の手法が活用できる可能性がある．

環境側面には，化学物質の使用（における事故）のようにリスクマネジメン

トの手法が適したものと，エネルギーの使用のように既に一定の影響が出ており，それをマネジメントにより徐々に削減していくものとがある．例えば，化学物質の使用であれば，事故のリスクを評価し，その評価結果に基づいて環境影響を決定する．また，その影響が大きければ著しい環境側面とすることになる．これは ISO 31000 のプロセスの説明が参考になる部分である．

なお，2015 年版の附属書 A では，著しい環境側面を決定するに当たり，環境側面や環境影響の評価結果だけでなく，法的要求事項や利害関係者の関心事などの組織の課題をその基準に含み得るとしている．これはすなわち，組織にとってのリスクの大きさを考慮に入れて著しい環境側面を決定することもできるということである．

リスクは今まだ起きていないことであり，将来に対する判断のために検討するものである．過去の分析に偏ることもある環境側面の検討にリスク概念を導入することで，将来の視点を持ち込むことが可能になる．

③ コミュニケーション（7.4）

コミュニケーションに関しても附属書 A に解説が掲載されており，有用なガイドを提供している．環境に関する活動は，内外の利害関係者との対話がとりわけ重要である．組織の活動の影響を真っ先に受けるのが工場の周辺住民など外部の利害関係者である場合も多く，また昨今は ESG 投資家なども組織の環境取組みを注視している．また内部の利害関係者に関しては，活動の実施主体である従業員はもちろんのこと，組織戦略との整合を考えれば経営層とのコミュニケーションも欠かせない．

これらに関して ISO 31000 から得られる示唆の一つは，コミュニケーションのタイミングである．**図 3.4** は ISO 31000 のプロセスであるが，この中でコミュニケーションの位置は，リスクマネジメントプロセス全般にわたっている．リスク評価をして重大なリスクが発見されてからコミュニケーションをするのではなく，プロセスの初期の段階から継続的にコミュニケーションを図ることで，リスクマネジメントを利害関係者（ISO 31000 では“ステークホル

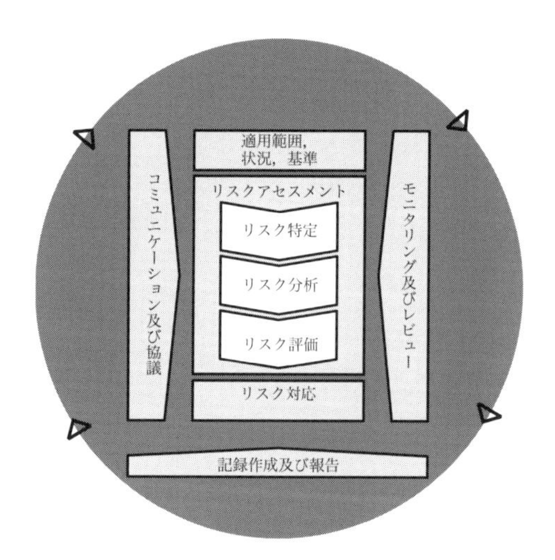

図 3.4　ISO 31000におけるプロセス
（出典：JIS Q 31000:2019 図4）

ダ”）に開かれた，透明性のある活動にすることが肝要である．

実はISO 14001においても，早期からのコミュニケーションが求められている．リスク及び機会のインプットとなる，利害関係者のニーズ及び期待の理解（4.2）は，双方向のコミュニケーションによって実現するものだからである．これをプロセス全般にわたり継続的に実施するコミュニケーションの一環として捉えることで，より透明性の高い活動にすることが可能になる．

④　活用に関する課題とその対応

これまで説明したように，2015年版とISO 31000では，用語の定義が異なるケースや適用範囲が異なるケースが幾つかある．これらについて最初にその対応を頭に入れておくことで，2015年版を更に使いこなすための参考情報をISO 31000から得ることが容易になると思われる．

3.4　ISO/IEC 27001 における ISO 31000 の活用

本節では，ISO/IEC 27001（情報技術―セキュリティ技術―情報セキュリティマネジメントシステム―要求事項．対応規格 JIS Q 27001）におけるリスク概念活用及び ISO 31000 活用状況について解説する．また，近年急速に広がりを見せているサイバーセキュリティについて，情報セキュリティとの関係を述べる．

3.4.1　ISO/IEC 27001 におけるリスク概念の活用

(1)　情報セキュリティのリスクとは

ISO/IEC 27001 で用いられる“リスク”は，ISMS ファミリー規格で共通して用いる用語及び定義を規定する ISO/IEC 27000 で定義されている．その定義は，ISO 31000（ISO Guide 73）におけるリスクの定義“目的に対する不確かさの影響”をそのまま引用している．すなわち，定義上は，“好ましい影響”，“好ましくない影響”のいずれも情報セキュリティのリスクとしてみなされる．一方で，情報セキュリティの取組みの大部分は，好ましくない影響に相当するリスクにいかに対応するかである．例えば，一般財団法人日本情報経済社会推進協会（JIPDEC）が発行する『ISMS ユーザーズガイド JIS Q 27001:2014（ISO/IEC 27001:2013）対応―リスクマネジメント編』には，脅威や脆弱性との関係からリスクを捉えるという情報セキュリティリスクの考え方を示した関係図があり，ここで想定されるリスクは好ましくない影響だけを想定している（**図 3.5** 参照）．

一方で，**図 3.5** で想定される情報漏えいや不正アクセスといったいわゆる情報セキュリティのリスクに加えて，情報セキュリティマネジメントシステム（ISMS：Information Security Management Systems）のリスクを含めて考えることにより，情報セキュリティ目的に対する好ましい方向へのかい離が想

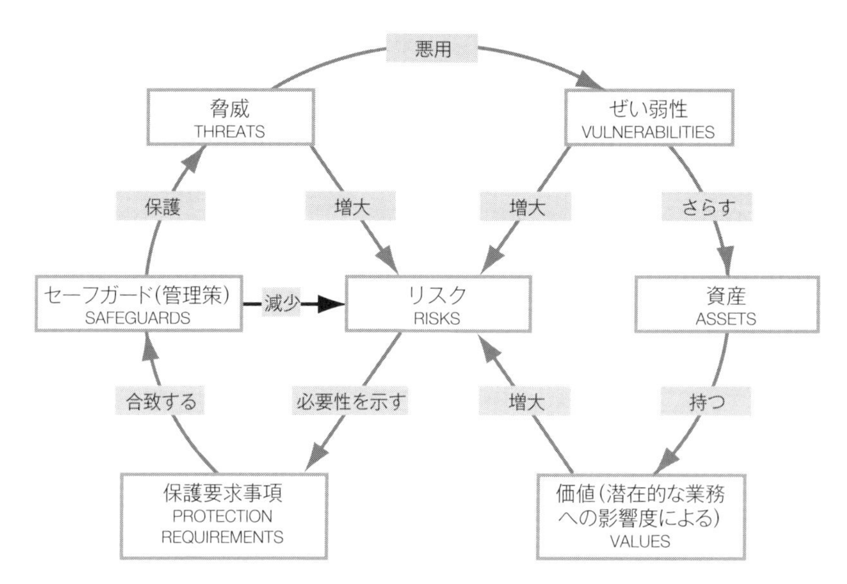

図 3.5　脅威，ぜい弱性とリスクの関係
［出典　一般社団法人日本情報経済社会推進協会（2015）：ISMSユーザーズガイド
JIS Q 27001:2014（ISO/IEC 27001:2013）対応—リスクマネジメント編］

定できる．すなわち，情報セキュリティのリスクにおいても好ましい影響の存在を確認することができる．

(2)　情報セキュリティにおけるリスクマネジメントの位置付け

従来から，情報セキュリティにおいて，リスクマネジメントは重要な活動とみなされてきた．現在は，附属書SLによって多くのマネジメントシステムの要求事項にリスクマネジメントに関する活動が明確に含まれるようになったが，情報セキュリティ分野においては，附属書SLが示されるはるかに以前から，その活動の中心にリスクマネジメントがあった．

それを裏付けるものとして，附属書SL発行以前の規格であるISO/IEC 27001:2005（以下，2005年版）が，リスクマネジメントに関連する要求事項として，リスクの特定，分析，評価，及びリスク対応に関する具体的な要求事項を含んでいたという事実がある．そもそも，2005年版の前身ともいえる英国規格 BS 7799-2 の時点で既にリスクマネジメントに関する要求事項を含んでいた．

“情報セキュリティ”は，“情報の機密性，完全性及び可用性を維持すること．”と定義される（ISO/IEC 27000 2.33）．それゆえ，情報セキュリティリスクは，機密性，完全性及び可用性の維持を阻害することと考えられる．そのような阻害要因は，一般に組織の事業内容，保有する情報，事業環境などにより異なるため，情報セキュリティリスクも組織によって異なることになる．したがって，適切なセキュリティ対策を行うためには，組織はまず自身の情報セキュリティリスクを特定，分析及び評価しなければならない．こうした状況が，情報セキュリティマネジメントにおいて，リスクマネジメントが重要な活動に位置付けられた理由である．

(3)　情報セキュリティは経営課題という認識の広まり

情報セキュリティ対策は，古くは IT 部門が対応するものだと多くの組織において考えられてきた．しかし現在，この考え方は実態に合わないものとなっている．

その理由の一つとして，情報システムが組織のビジネスにおいて大きな役割を担うようになったことが挙げられる．いまや組織の情報の多くは，情報システム内に保有されており，情報システムに不具合が生じれば，深刻な機密情報漏えいを引き起こしたり，情報にアクセスできないことにより事業活動に深刻な支障を起こしたり，組織の経営活動に大きな影響を及ぼしかねない．

加えて，近年，サイバー攻撃の増加，複雑・巧妙化により，情報システムが深刻な被害を受ける事件が急増している．被害の対象は情報システムだけにとどまらない．工場やプラントなどの制御システムも，管理システムや通信プロトコルなどのオープン化に伴い，情報システムと同様のリスクが増大している．制御システムへのサイバー攻撃は，より深刻な被害を生じさせる可能性が想定される．

こうした状況を受け，情報セキュリティやサイバーセキュリティの対策は重要な経営課題とみなされるようになってきており，情報セキュリティマネジメントの必要性も認識が高まっている．経済産業省が発行した『サイバーセキュリティ経営ガイドライン』では，経営者が認識すべき三原則の一つとして“経営者は，サイバーセキュリティリスクを認識し，リーダーシップによって対策を進めることが必要”と述べており[6)]，サイバーセキュリティを経営課題として捉え対応することの必要性を説いている．

(4)　リスクの特定及び評価における留意事項

情報セキュリティやサイバーセキュリティに関する取組みは，脅威や脆弱性に着目し適切な対策を行うことが主眼には違いないが，加えて，ビジネスに影響を及ぼすという観点をもってリスクマネジメントを行うことも重要である．特定及び評価されたリスクを，セキュリティ対策への投資判断を行う際の重要なファクターとしてみなすことも望まれる．

さらに留意すべき点として，リスクの特定・評価においては，既存のビジネス領域のリスクだけを想定するのではなく，将来展開されるビジネス領域についても，事前にどのようなリスクが想定されるか検討することが望ましい．また，ビジネスは常に変化するものとの考えから，変化へ柔軟に対応するために，定期又は随時にリスクマネジメントの結果を見直す仕組みをもつことも重要である．例えば，新規ビジネスが新たに個人情報を扱う場合には，ビジネス開始前から，それに伴うリスクを想定し適切な対応をとるといった対応を行うことが望ましい．

(5)　情報セキュリティとサイバーセキュリティ

これまで情報セキュリティとサイバーセキュリティを併記して幾つかの説明を行ってきたが，ここで情報セキュリティとサイバーセキュリティの関係について少し説明する．そもそも情報セキュリティには，サイバーセキュリティの概念が含まれている．情報セキュリティマネジメントの活動には，サイバー攻撃に対して組織がどのように対応するべきかといった内容を含んでいるし，サイバー領域において想定されるリスクに対するセキュリティ管理策も様々示されている．

一方で，サイバーセキュリティには，情報セキュリティに含まれない領域もある．一つは，サイバー攻撃を受ける可能性は，従来の情報システムだけではなく，オープン化された工場やプラントなどの制御システムにもあることから，サイバーセキュリティの対象を，情報システムやその運用だけでなく，制御システムなどにも広げることができる点が挙げられる．

また，別の観点として，情報セキュリティマネジメントを考える場合は，基本的に一つの組織におけるマネジメント活動を想定するのに対し，サイバーセキュリティの取組みでは，サイバー攻撃の複雑・巧妙さや変化の速さなどに対応するために，コミュニティを形成し，脅威情報の共有などを行う．単独の組織活動だけで閉じずに，コミュニティや業界といった単位での活動が欠かせないという特徴をもっていることが，サイバーセキュリティが情報セキュリティと大きく異なる点といえる．

一つの組織の取組みの観点から情報セキュリティとサイバーセキュリティについて述べると，組織は，サイバーセキュリティへ適切に対応するためにコミュニティに参加しつつ，自組織において ISMS を適切に運用するということになる．このとき，ISMS を有していることは，コミュニティで信頼を得るための条件の一つと考えられる．

前述のとおり，“情報セキュリティ”は ISO/IEC 27000 による定義があり，その定義は広く認知されている．これに対して，“サイバーセキュリティ”は明確な定義をもっていない．その結果，サイバーセキュリティに対する認識は千差万別であり，近年数多く発行されているサイバー攻撃に関する文書などにおいても，サイバーセキュリティが意味する内容は様々で，多岐にわたっている．ここでは，サイバーセキュリティの特徴的な取組みなどを用いて情報セキュリティとサイバーセキュリティについて整理したが，詳細な差については広くコンセンサスを得たサイバーセキュリティの定義ができるのを待つしかない．これにはしばらく時間がかかりそうである．

(6) ISO/IEC 27001 のリスクマネジメントの特徴

ISO/IEC 27001:2013（以下，2013年版）は，特にリスク対応に関してユニークな特徴を有する．

2013年版では，6.1（リスク及び機会に対処する活動）で，情報セキュリティリスクのリスクアセスメント（6.1.2）及びリスク対応（6.1.3）について，要求事項を規定している．リスク対応については，リスクアセスメントの結果に基づき，対応すべきリスクに対して，情報セキュリティリスク対応の選択肢を選定し，選択肢の実施に必要な全ての管理策を決定することが要求される．さらに，決定された管理策を附属書Aが示す管理策と比較し，必要な管理策が見落とされていないことを検証し，適用宣言書を作成することが要求される．適用宣言書には，決定した（必要な）管理策及びそれらの管理策を含めた理由，それらの管理策を実施しているか否か，及び，附属書Aに規定する管理策のうち除外したものがあればその理由を示さなければならない．

ここで，附属書Aはリスクを修正するセキュリティ対策として定義される管理策の包括的なリストを示すものである．包括的なリストと対応付けることで，組織に情報セキュリティの専門家がいない場合にも，必要な対策を見落とすことを防ぐことができる．また，附属書Aに規定した管理策は，全てを網羅してはいないため，追加の管理目的及び管理策が必要となる場合もあり，その際には管理策を追加する．リスクアセスメントの結果に基づいて，要求事項に相当する管理策を，合理的な理由を示すことで除外したり，必要に応じて追加できる点はユニークである．組織は，組織の有するリスク及びそれに対する対応方針に沿って，自組織に固有の管理策のリストを適用宣言書として作成することになる．これは，他の MSS にないユニークなアプローチといえる．**表 3.3** 及び**表 3.4** に，附属書Aの管理策の構成と管理策の例を示す．

表 3.3 附属書 A が規定する管理策のカテゴリ一覧

項番	箇条タイトル	管理策数
A.5	情報セキュリティのための方針群	2
A.6	情報セキュリティのための組織	7
A.7	人的資源のセキュリティ	6
A.8	資産の管理	10
A.9	アクセス制御	15
A.10	暗号	2
A.11	物理的及び環境的セキュリティ	15
A.12	運用のセキュリティ	13
A.13	通信のセキュリティ	7
A.14	システムの取得，開発及び保守	13
A.15	供給者関係	5
A.16	情報セキュリティインシデント管理	7
A.17	事業継続マネジメントにおける情報セキュリティの側面	4
A.18	順守	8
管理策数　合計		114

表 3.4 附属書 A が規定する管理策の例

［JIS Q 27001:2014 A.8（資産の管理）より抜粋］

A.8.2　情報分類		
A.8.2.1	情報の分類	情報は，法的要求事項，価値，重要性，及び認可されていない開示又は変更に対して取扱いに慎重を要する度合いの観点から，分類しなければならない．
A.8.2.2	情報のラベル付け	情報のラベル付けに関する適切な一連の手順は，組織が採用した情報分類体系に従って策定し，実施しなければならない．
A.8.2.3	資産の取扱い	資産の取扱いに関する手順は，組織が採用した情報分類体系に従って策定し，実施しなければならない．

3.4.2　ISO 31000 の活用

前節では，ISO/IEC 27001 の 2013 年改訂における主要な取組みとして，附属書 SL への適合について述べたが，ISO 31000 との整合も改訂における主要な取組みの一つであった．

ISO/IEC 27001 の 2005 年版では，リスクに関する事項は，ISO/IEC Guide 73:2002 を参照し構成していたが，ISO 31000:2009 及び ISO Guide 73:2009 の発行に伴い，これら両文書を参照し ISO 31000 と整合を図ることが改訂目的の一つとなった．一方で，改訂作業においては，ISO 31000 はマネジメントシステム規格ではなく，また，要求事項を示す規格でもないことから，要求事項を示す ISO/IEC 27001 が具体的にどのように整合をとるかに関しては，多くの議論があった．

まず，ISO 31000:2009 との整合において，リスクマネジメントに関する用語の定義が変更された．リスクの定義は前述のとおり“目的に対する不確かさの影響”となり，これまでの定義に相当する内容は注記 4“リスクは，ある事象（周辺状況の変化を含む．）の結果とその発生の起こりやすさとの組合せとして表現されることが多い．”として定義に付された．これは，ISO 31000:2009 及び ISO Guide 73:2009 の定義及び注記をそのまま採用した結果である．

また，ISO/IEC 27001 の 2013 年版には，“情報セキュリティ方針及び情報セキュリティ目的を確立し，それらが組織の戦略的な方向性と両立することを確実にする［5.2 a)］”という記述があり，情報セキュリティリスクマネジメントには，ISO 31000 が示す原則，枠組み，及びプロセスをそのまま適用できると考えられた．2013 年版と ISO 31000 が示すリスクマネジメントのプロセスを対照してみると，2013 年版で“組織の状況”は箇条 4 に記述があり，“リスクアセスメント”及び“リスク対応”については箇条 6 及び箇条 8 に記述がある．“モニタリング及びレビュー”と“コミュニケーション及び協議”については，リスクマネジメントの活動として記述するのではなく，ISMS の活動と融合され埋め込まれている．

以上のように，2013 年版は ISO 31000:2009 との整合を考慮して策定されたものである．同様に ISO/IEC 27001 の次期改訂では，ISO 31000:2018 との整合をとるよう考慮されることが見込まれる．

3.5　ISO 45001 における ISO 31000 の活用

本節では，労働安全衛生マネジメントシステム（OHSMS：Occupational Health and Safety Management Systems）の国際規格である ISO 45001（労働安全衛生マネジメントシステム―要求事項及び利用の手引．対応規格 JIS Q 45001）のリスク概念及び ISO 31000 の活用を解説する．

3.5.1　ISO 45001 におけるリスク概念

労働安全衛生分野では，従来から，安全の概念を説明するために，リスクという用語を用いていたが，ISO 31000 及び附属書 SL を取り入れた ISO 45001 は，改めて，その中心にリスク及びリスクマネジメントを置いた．本項では，従来からの概念との差異や，新たな“リスク及び機会”などを解説する．

(1)　労働安全衛生リスク

ISO 45001 では，“労働安全衛生リスク”を“労働に関係する危険な事象又はばく露の起こりやすさと，その事象又はばく露によって生じ得る負傷及び疾病の重大性との組合せ”と定義している（3.21）．なお OHSAS 18001 や ILO-OSH 2001 でも，負傷及び疾病を使用しており，いわゆる“労働災害リスク”である．

そして，“負傷及び疾病”を“人の身体，精神又は認知状態への悪影響”と定義しており（3.18），心理的負荷による精神障害や過労死も含めている．

(2)　リスク

ISO 45001 の“リスク”の定義（3.20）は，元をたどると ISO 31000 のリスク定義に基づいており，影響は，好ましいもの又は好ましくないもの，又はその両方の場合があり得るとしている．しかし安全衛生管理では，あらかじめ，負傷及び疾病の防止という目的が設定されているため，“好ましくない影響”だけが対象となり，実質的には労働安全衛生リスクと同じになる．

また ISO 45001 での“危険源”の定義（3.19）“負傷及び疾病を引き起こす可能性のある原因”は，ISO 31000 の“リスク源”の定義（3.4）“それ自体又はほかとの組合せによって，リスクを生じさせる力を潜在的にもっている要素”の中の，好ましくない要素に絞ったものである．

労働災害リスクは，負傷及び疾病の防止という目的に対しては，常に好ましくない影響となる（**図 3.6** の A を参照）．その一方で，度数率 0.9 の達成を計画した場合を考えると，結果として度数率は期待値を上下する可能性があり，これをリスクとする考え方もあり得る（**図 3.6** の B を参照）．そして期待を上回って 0.7 に低下することを“好ましい影響”と捉え，逆に 1.1 に上昇することを“好ましくない影響”と捉えることもできる．要は，期待を，負傷及び疾病の防止とするか，度数率 0.9 の達成とするかの違いである．関係者間で齟齬（そご）を生じさせないためには，事前の明確化及び共有化が重要となる．

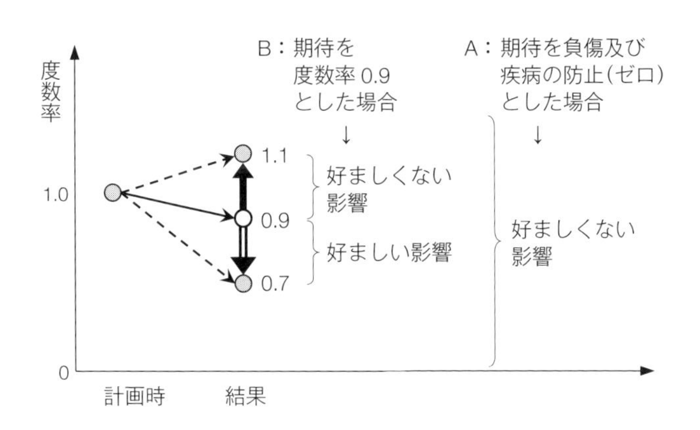

図 3.6　期待と影響の捉え方との関係

(3)　リスク及び機会

“リスク及び機会”は，既に ISO 9001 や ISO 14001 などで使用されているが，OHSMS 規格では，ISO 45001 の 6.1（リスク及び機会への取組み）で初めて導入された．リスクの捉え方は，目的によって，戦略，戦術，運用のレベルに分かれるが，6.1でのリスクは，経営戦略レベルのリスクと捉えるべきであろう．それは『附属書SLコンセプト文書（JTCG N360）』[*2]において，“リスク及び機会への取組みに関するこの箇条の意図は，マネジメントシステムを確立するための前提条件として必要とされる計画に関する要求事項を規定することである．（中略）ここでの計画が戦略レベルで行われるものであるのに対して（後略）”とあることからもわかる．ここでのリスク及び機会は共に戦略レベルである．

ところで，リスク及び機会（又は，機会及びリスク）は，経営戦略分野でも使われている用語である．組織は，その目的や中長期的に創出しようとする価値に対して影響度の高い事柄を抽出し，対処すべき重要課題を決定する．重要課題は，新しいビジネスチャンスにつながる機会をもたらす一方で，リスクをもたらす．その機会創出とリスク低減の取組みは，統合報告書などで公表されており，労働安全衛生，働く人の健康，働きがいのある職場環境，ダイバーシティ推進などを取り上げている企業も多い．

(4)　OHSMSに対するその他のリスク

このリスクに関する定義の記載はないが，OHSMSの運用に悪影響を与え，その意図する効力の発揮を妨げるリスクである．そのほとんどは，ISO 45001の5.1（リーダーシップ及びコミットメント）に記載されている事項の欠如に起因する．すなわち，トップマネジメントの関心・関与の希薄さ，専門家不足や安全衛生関連の予算削減などが挙げられ，それらは“好ましくない影響”となる．

---

*2　MSSの整合化検討のために設置されたISO内の専門グループ（JTCG）による文書であり，日本規格協会ウェブサイトで和訳を公開している（執筆時現在）．

3.5.2　ISO 31000 の活用及び課題

数ある MSS の中でも，OHSMS は，特にリスクの概念と親和性が高く，ISO 45001 は，その中心にリスクマネジメントを置いている．ISO 31000 は，マネジメント手法として安定的な構造をもっており，附属書 SL を通して ISO 45001 に活かされている．本項では，ISO 31000 の活用状況，及び労働安全衛生活動に活かしたい ISO 31000 の考え方を述べる．

(1)　リスクベースド・アプローチの採用

労働安全衛生の取組みの主流は，従来から，法令順守を起点としたルールベースド・アプローチであった．これは今後も変わらないだろう．しかし，自主的な安全衛生活動の促進が求められるようになると，リスクを起点にしたリスクベースド・アプローチによる取組みが始まった．例えば，このアプローチの出発点は，組織の状況の理解であり，ISO 31000 では，箇条 4（原則）の c) 及び e) 並びに 5.4.1 及び 6.3.3 で規定している．

このアプローチは，従来の OHSMS 規格にはなかったが，リスクに基づく考え方を明確に取り入れた附属書 SL の採用によって初めて ISO 45001 に取り入れられ，その出発点は 4.1（組織及びその状況の理解）となった．

ところで逆に，リスクに“基づかない”考え方とは，どのようなものだろうか．それは組織の状況を把握せず，そしてリスクを判断しないことであろう．そのようなマネジメントは，危険極まりない．

(2)　プロセスアプローチの明確化

ISO 31000 の箇条 6（プロセス）は，リスクマネジメントのプロセスを規定している．振り返ってみると，OHSAS 18001 の 1999 年版は，主要箇条にインプット・アウトプットを示しており，既にプロセス概念を取り入れていた．また 2007 年版では，OHSMS の要素をプロセスに代えた MS モデルを提示した．しかし各条文では，相変わらず“手順”の確立・実施・維持を要求した．

ISO 45001 では，この“手順”を“プロセス”に変えて，プロセスアプローチの採用を明確にした．プロセスは，単なる手順書の作成・順守・保管だけでなく，その運用管理のために，設備や財源などの資源の提供，働く人の力量の確保，及び予防的保守及び検査プログラムの確立なども必要となる．

(3)　事業プロセスへの統合

ISO 31000 の箇条 4（原則）の a) には，“リスクマネジメントは，組織の全ての活動に統合されている”とある．すなわちリスクマネジメントは，製造，建設，運輸，サービスなどの事業活動と一体化したものでなければならず，省略も，取り外しもできないという考え方である．

振り返ってみると，これまでの安全衛生管理活動は，安全管理者や現場担当者の熱心な活動に支えられ，近年は，マネジメントアプローチに基づいた OHSMS も整えてきた．しかし，往々にして，組織の他の活動と切り離された，安全衛生単独のマネジメント活動に陥っていた．

この限界を乗り越えるために，ISO 45001 でも，ISO 31000 の統合概念を取り入れて，新たに，事業プロセスへの OHSMS の統合が打ち出された．これによって OSHMS は高次元のマネジメントシステムに変容し，経営戦略レベルのマネジメントにも耐え得る構造になった．

統合も，組織及びその状況の理解（4.1）から始まる．産業形態，雇用形態，労働環境，及び労働者意識などの環境は大きく変化している．長らく労働災害リスクの中心であった危険有害業務のほかにも，メンタルヘルスや健康管理の比重が高まってきた．仮に，これらの状況の変化を把握せずに，一昔前の環境に基づいた取組みを行うならば，組織全体との関係性が薄い，単独活動に終わってしまい，統合を図ることはできない．また 4.1 で決定する OHSMS の成果達成に影響を及ぼす外部及び内部の課題も，組織全体の目的に関連したものであること，すなわち統合が求められている．

仮に，事業プロセスとのリンクが希薄な OHSMS を構築するならば，それは活動のための活動にすぎない．例えば，危険源の特定（6.1.2.1）を行う事業プロセス（例：設計，調達，製造など）を明確に定め，特定の実施要領を，事業プロセスの実施基準の中に定めて初めて，統合されているといえよう．

(4)　リスク対応の選択肢がない場合の対応

ISO 31000 の 6.5.2（リスク選択肢の選定）では，情報に基づいた意思決定によるリスク保有を挙げている．また，対策は利用可能な資源に基づいて行われることを容認しており，全リスクに対する対策を求めているわけではない．さらに，利用可能なリスク対応の選択肢がない場合の対応として，そのリスクの記録及び継続的なレビュー対象とすることが望ましいとしている．

顧みると，労働安全衛生の担当者は，リスク対策を実施しなければならない焦燥感にさいなまれやすい．特に，上位者から指示がある場合は顕著である．しかし，むやみに立案すればよいというものではない．せっかくの対策案も，仕事量が増えすぎたり，工期や作業員数に制約があると，現場に受け入れてもらえない．実行されずに放置された対策が増えれば，肝心な対策も省略されやすくなるので注意したい．

(5)　リスク対応の有効性検証

ISO 31000 の 6.5.2 では，リスク対応の有効性確保及びその維持の保証のために，“モニタリング及びレビューをリスク対応実施の一体部分とする必要がある”としている．モニタリング及びレビューが不十分ならば，それは実績作りだけのためのリスク対応にすぎず，実効性は期待できないだろう．

安全衛生リスクの低減策の中で，危険源除去，材料代替及び工学的対策などは，経済・技術的制約から実施困難な場合が多いために，とかく教育訓練や個人用保護具などのソフト対策に頼りがちになる．そのソフト対策は，実施しただけで，得てしてリスクが低減された感覚をもちやすい．リスク対策は，実施した事実だけに満足することなく，その有効性を検証することが不可欠である．

(6)　リスク対応が招く新たなリスクの検証

ISO 31000 の 6.5.2 では，“リスク対応が，新たにマネジメントを行うことが必要なリスクをもたらす可能性もある”として，リスク対応が，意図しない結果として他のリスクを招いたり，増大させる可能性に注意喚起している．

例えば，転落防止を避けるために設置される手すりは，手ごろな足場として誤用されると，転落の誘因となるケースがある．また，運転，設備，環境などの他部門が独自に実施したリスク対策が，思わぬ労働災害を招く場合もある．部門ごとの個別最適な管理を避けるために，部門間の情報交換や連携を密にして，新たに発生する可能性のあるリスクに対応したい．

(7)　残留リスクの認識及び対応

ISO 31000 の 6.5.2 では，“意思決定者及びその他のステークホルダは，リスク対応後の残留リスクの性質及び程度を知ることが望ましい”，また“残留リスクは，文書化し，モニタリングし及びレビューし，並びに必要に応じて追加的対応の対象とすることが望ましい”としている．

目標とする労働災害ゼロを達成することは素晴らしいことである．しかし，それはその時点までの実績であり，リスクゼロを意味するものではない．今後の災害発生に不確かさ，すなわちリスクは残っている．その対応は，働く人の“注意”だけに頼ることなく，理解を得た上での協力要請が重要である．

(8)　状況変化に対応した教育訓練及び働く人の参加

教育訓練は，従来から，事故やインシデントの再発防止対策を周知させるものが多い．これは，過去の事故から将来の事故を類推できる可能性が高いことを前提としているからであるが，組織の状況が変化すると，その前提は崩れてしまう．変容する状況を想定し，その状況に対応できる力量を備えるための教育訓練が不可欠である．また教育訓練の決定及び評価に関して，ISO 45001 では，非管理職の参加を 5.4(働く人の協議及び参加)で求めている．実際に被災危険が高い現場で働く人の意見を取り入れた内容の教育訓練を期待したい．

最後に，ISO 45001 は，随所で，働く人の役割やニーズ及び期待を重要視している．これは，他の MSS には見られないものであり，OHSMS ならではの特徴である．組織の経営資源の基盤は働く人であり，その労働安全衛生の課題を放置したままでは，安定的な事業活動はおぼつかない．組織目的達成のために，OHSMS の構築・運用に取り組みたい．

3.6　ISO 22301 における ISO 31000 の活用

本節では，事業継続マネジメントシステム（BCMS：Business Continuity Management Systems）の国際規格である ISO 22301（社会セキュリティ―事業継続マネジメントシステム―要求事項．対応規格 JIS Q 22301）におけるリスク概念の活用，及び ISO 31000 活用の状況について解説する．

3.6.1　事業継続とマネジメントシステム

ISO 22301 では，事業継続計画（BCP：Business Continuity Plan）を策定するだけでなく，導入した BCP を有効に機能させる企業の運営管理手法について MSS として規定している．

ISO 22301 が開発されたほぼ同時期に，MSS の共通フォーマットである附属書 SL も開発されており，この共通フォーマットが近い将来全ての MSS に採用されることが意図されていた．この附属書 SL の最終段階の草案を先取りして，ISO 22301 が開発されたため，ISO 22301 は共通フォーマットを採用したほぼ最初の ISO 規格といえる．

当時，事業継続マネジメントに関する各国の規格や主要な解説書なども PDCA の必要性を説いていたが，事業継続マネジメントとマネジメントシステムを合体させた文書は見られなかった．その意味で，ISO 22301 が BCMS について記述した初めての文書であるといえる．

その後，主要な MSS の定期見直し時に，附属書 SL への適用が順次図られ，現在は ISO 9001，ISO 14001，ISO/IEC 27001 をはじめとする多くの規格で共通テキストや共通用語・定義による標準化が図られている[*3]．

[*3] 執筆時現在，ISO 22301:2012 への定期見直し作業が進行中であるが，改訂概要が固まってきたため，本項ではそれを反映して記述する．ISO 22301 の改訂版は，2019 年の秋以降に発行される見込みである．

3.6.2 BCMSで対象とするリスク

ISO 31000によるリスクの定義は“目的に対する不確かさの影響”であり，リスクの種類やその影響の種類は限定されていない．さらに，“影響には，好ましいもの，好ましくないもの，又はその両方の場合があり得る．”と注記される．

BCMSは，その名前が示すとおり，事業継続に関する組織のマネジメントが対象となっている．ISO 22301:2012の8.2.3（リスクアセスメント）では，“事業の中断・阻害を引き起こすインシデントのリスク（risk for disruptive incident)”と規定されている．執筆時現在の定期見直し案（DIS）では，この文言が修正され，対象とするリスクは事業中断・阻害に関するリスク（risk of disruptions）と修正されている．新たに，事業中断・阻害（disruption）の定義[*4]が追加され，“好ましくないかい離を引き起こすインシデント”とされている．すなわち，好ましくない影響だけを対象としていることが，ISO 31000のリスク定義とは異なる点である．

第3章

3.6.3 リスクアセスメント

ISO/DIS 22301の8.2.3（リスクアセスメント）は，わずか数行の簡潔な規定であるが，二つの注記に重要な点が書かれている．最初の注記には，“このプロセスは，ISO 31000に準拠して実施することができる．”と書かれ，具体的なリスクアセスメントの行い方は，ISO 31000を参照すること，すなわちISO 22301のリスクアセスメントはISO 31000に準拠することを示している．

二つ目の注記では，このリスクアセスメントの条項で述べるリスクは，事業中断・阻害（disruption）に関するものであり，BCMSに関するリスクと機

[*4] 定期見直しで追加された事業中断・阻害（disruption）の定義は，次のとおり．
“事業中断・阻害：予想されていたか否かを問わず，組織の目的に対して，期待された製品やサービスの提供からの計画されていない好ましくないかい離を引き起こすインシデント”

会は，箇条6に記述していると書かれている．

また，箇条3の定義において，リスク（3.48），リスクアセスメント（3.49），リスクマネジメント（3.50）の定義は，ISO 31000 の定義がそのまま採用されており，ISO 22301 における不確かさの分析には，ISO 31000 の手法が参考にされている．

3.6.4　事業中断・阻害のインパクト（影響）

前項で取り上げたリスクアセスメントと並んで重要な分析が，事業影響度分析である．災害や事故などで事業が中断・阻害される事態が発生した場合に，組織の生き残りの観点から，最重要の事業に絞って優先的に復旧させ，組織にとって深刻な影響を及ぼさないようにするのが BCP の目的である．そのためには，組織にとってどの業務が他の業務より優先的に復旧しなければならない重要な事業活動なのかを特定しておかなければならない．その特定のための分析手法が，事業影響度分析［又は，事業インパクト分析（BIA：Business Impact Analysis）］である．

執筆時現在，ISO/DIS 22301 では，事業影響度分析において影響度（インパクト）を分析にする当たり，その種類（インパクトカテゴリ）及びその判断基準を設定して分析する手法を記述している．この手法はリスクの種類とその影響度を分析するリスクアセスメントに類似する手法である．ISO 22301 の解説書としての位置付けである標準仕様書，ISO/TS 22317［事業継続マネジメントシステム—事業影響度分析（BIA）の指針］では，インパクトカテゴリとして，金融，風評，事業活動，法規制，契約，事業目的に関するもの6種を例示している．

事業影響度分析は，BCMS に特徴的な分析プロセスである．事業影響度分析においてすべきことは，優先事業活動を特定することとそれらを支える資源を洗い出すことだけにとどまらない．事業が中断した場合に，中断期間がどれだけ継続すれば組織にとって許容できない深刻な事態となるのかを見極め，その事態に陥る前に優先業務を再開すべく復旧の目標時間（いわゆる目標復旧時間．RTO：Recovery Time Objective）を設定することも求めている．設定した目標復旧時間内に優先業務を再開するためには，まず，その業務の遂行に不可欠な人的・物的な資源を特定して，確保しなければならない．社内だけでなく，社外の資源も含まれる．さらに，それらの資源に対する対象リスクによる被害想定を行っておくことも重要である．

なお，事業影響度分析は，リスクアセスメントの一部ではなく，独立して実施することが重要である．リスクアセスメントに関連させて実施すると，発生可能性が非常に低いリスクが排除され，一旦発生すれば致命的になりかねない深刻な事態が考慮外となるおそれがあるからである．

前出のリスクアセスメント［8.2.3 a)］には，“組織の優先事業活動，並びにそれらを支える資源に対する事業中断・阻害のリスクを特定する”と明記する．ISO 22301 ではリスクが限定されていると前述したが，その限定された“事業中断・阻害のリスク”が与える影響の対象も，組織にとって重要な“優先事業活動とそれらを支える資源”に限定されているのである．優先事業活動に対する影響だけでなく，それを遂行するために不可欠である人的・物的，社内外の資源に対する被害想定を実施することは必須である．計画された目標復旧期間内に優先事業を再開させるためには，被災が想定される資源の確保が事業継続戦略を立案する上で中心的な課題となるからである．

したがって，事業影響度分析とリスクアセスメントが BCMS の計画段階で重要な分析の両輪となっている（**図 3.7**）．BCMS においては，対象リスクを事業の中断・阻害に限定することで，その影響の対象を優先事業活動とそれらを支える資源まで絞り込むことで，優先業務の早期の再開が可能な事業継続戦略を立案することが可能となる．ISO 31000 のリスクの定義である“目的に対する不確かさの影響”の“目的”を特定の分野や活動に絞り込むことで，その影響を与える対象も絞り込んで，詳細な対応策の立案が可能となることを示している．

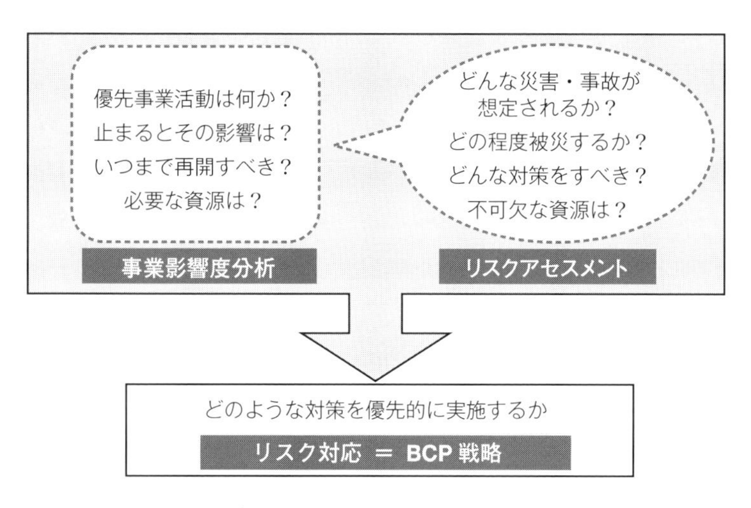

図 3.7　事業影響度分析とリスクアセスメント

3.6.5　ISO 31000 の活用―BCMS 導入定着のメリット

BCMS が他の分野のマネジメントシステムと大きく異なる点は，自組織の存亡にかかわる非常事態に対して全社的に取り組むことである．経営トップから現場の一般社員までが全社を挙げて，自組織が災害や事故に遭遇することで存続の危機となる事態を想定し，それらの事態を回避するために，分析・計画・教育訓練を通じて，組織としての実践能力を確立していく活動を行う．このようにトップから現場の社員まで巻き込んで，企業を救うための活動を継続させていくことは，ほかには見られないことである．

筆者が実施した，中小企業を対象とした BCP の定着に関するアンケート調査の結果分析では意外な発見があった．アンケートで“策定した BCP が有効に機能する”と回答した企業には，災害対策以外の平時の業務においても BCP によるメリットが見られ，それらを経営トップも認識していたことである．

メリットの例を挙げると，まず，経営トップが会社の経営戦略をリスクや

BCP の観点から考えるようになり，一般社員においてもリスク意識が高まり，リスクや災害を考えながら業務をするようになったことが認められた．この経営トップと社員のリスク意識の向上が，次に挙げるように，BCP や災害対策の分野以外でも広い範囲で平常時のメリットを生み出していることが判明した．

・営業上で，会社の信用力，取引先や債権者の評価が上がった．

・業務の隠れた弱点や問題点を発見し，改善策につながった．

・管理職，社員の教育につながり，人材の能力の開発に役立った．

・社員が他の業務もできるように担当の幅が広がった．

・社員が担当外や他部門の業務をよく理解できるようになった．

・平常時から，取引関係，サプライチェーンを見直すことになった．

こうした BCMS の平時におけるメリットが生み出される背景には，まず経営トップと一般社員のリスク意識の向上がある．そして，企業の能力として BCP を有効に機能させるには，どのような緊急事態に備えるべきかを教育訓練を通じて全社員に共有させ，実際の発災時にはそれぞれが何をすべきかを自身で考え実行する能力をつけることが肝要である．そのような企業の能力を確立するためには，BCMS 活動環境と企業風土が深くかかわっていることが認められた．

すなわち，それぞれのリスク意識の下で，備えるべき事態への理解を共有し，BCMS 活動で社内がまとまり盛り上がることが不可欠である．盛り上がるためには，社内の情報共有の促進と一体感の醸成が重要である．

このように BCMS 活動を通じて活性化された集団では，前述のように，平常時の業務活動や社員自身におけるメリットももたらしていることを示唆している．

3.7　COSO-ERMにおけるISO 31000の活用

労働安全や交通安全，損害保険などからそれぞれ発展してきたリスクマネジメントは，金融工学などの新たな分野も加え成熟してきた．最近では企業経営そのものをリスクマネジメントで捉えるERM（Enterprise Risk Management：全社的リスクマネジメント）の考え方が促進され，ISO 31000もERMへの適用を視野に入れている．このERMにもいろいろな考え方があるが，ここではCOSO-ERMへの活用について解説する．

COSO[*5]は2004年に経営戦略をも内部統制の枠組みに捉えた『COSO-ERM内部統制―統合的フレームワーク』を発表し，ERMが経済界に認識されるようになった．2017年にはその改訂版『COSO全社的リスクマネジメント―戦略およびパフォーマンスとの統合』を発表した．この二つの文書の関係であるが，2004年版は内部統制として主に監査のガイドラインとして引き続き有効であり，2017年版は取締役会と執行役員のための文書と位置付けられている[7)]．

3.7.1　COSO-ERMにおけるリスク概念

(1)　2004年版におけるリスク概念活用の必要性と意義

COSO-ERMの2004年版と2017年版では，リスクの定義が異なっている．2004年版は附属書SLによるリスク概念と同様に，ネガティブなものをリスク，ポジティブなものを機会（opportunity）としている．つまり，経営にネガティブな影響を与えるものをリスクとして捉え，経営を行うこととし

[*5]　COSO（Committee of Sponsoring Organizations of the Treadway Commission：トレッドウェイ委員会組織委員会）とは，米国で企業の会計不正やコンプライアンス違反が多発したことを受けて米国公認会計士協会の働きかけで発足した産学共同組織の委員会である．1992年に最初の内部統制の報告書を発表し，不正防止のガイドラインとなった．

ていた．もともと COSO は企業の不正の防止に向けたコンプライアンスの強化や，粉飾決算の防止を念頭に置いた自主点検や内部監査，外部監査などの枠組みから発展した概念である．このため，ポジティブ，ネガティブ双方の結果を取り得る戦略リスクや財務リスクも，マイナスの結果に着目をしてリスクマネジメントを行うことを想定していた．監査の分野でも，良い取組みも積極的に取り上げるように方針が変わってきているが，監査の重点は不正などのネガティブな結果を引き起こすリスクへの取組みである．したがって，内部監査の観点では引き続きリスクをマイナス，つまりネガティブなものとして取り扱ってよい．COSO をはじめとする米国の内部統制の考え方の影響を強く受けている日本の会社法や金融商品取引法でも，リスクは“目的の達成を阻害する要因”と捉えられている．

(2)　2017 年版におけるリスク概念活用の必要性と意義

2017 年版では，リスクを ISO 31000 の定義である“目的に対する不確かさの影響”に合わせている．そのため，従来のリスクのネガティブ，ポジティブの考え方をパフォーマンスの結果として整理した．パフォーマンスの目標が何らかのリスクによる影響を受けた結果として，ポジティブな結果やネガティブな結果が生じるとした．そのため 2004 年版でリスクと対になっていた機会 (opportunity) は，“目標を設定又は変更するための行動あるいは行動の可能性，又は，価値の創造，維持，及び実現のためのアプローチ”と定義され，業績を拡大するための戦略の変更や目的の変更をするきっかけとなる環境及び環境の変化を意味するものとなった[7)]．

経営者が決定した戦略を実施している状況では，企業目標を達成するための取組みを行っているが，様々なリスクにより，結果が設定した目標より上振れや下振れをする．この目標に向けた取組みがリスクマネジメントである．その状況において，事業戦略を変更するか維持するかを検討することを促す環境及び環境の変化が“機会”と位置付けられた．このとき考慮する各戦略に不可分な，様々な不確かさの検討をリスクマネジメントのもう一つの対象としている．具体的な機会の例としては，社内での新技術の完成により新製品や新分野への進出の可能性がみえることや，法律や条例などの規制の変更により事業機会が増減することなどがある．パフォーマンスの目標への取組みも，事業戦略の変更の検討も，双方とも経営者の管理すべき問題であり，その意味で 2017 年版は経営者のための文書として書かれている．

(3)　リスク概念活用の課題

前述のとおり COSO-ERM では経営をリスクマネジメントとして捉えており，特に 2017 年版では取締役会と執行役員のための ERM としている．2017 年版の考え方では，結果つまりパフォーマンスが目標から上下にずれるその不確かさをリスクとしている．つまり，ISO 31000 のリスクの定義を用いている．具体的には製造業のリスクの例として，品質を低下させ雑に作成した場合には，目標とする予定数量よりも実際の生産量が上回る．逆に，供給遅延，労働力不足，設備故障があれば予定数量を下回る[7)]．これは現場のオペレーションのレベルでのリスクであるが，それを実現する仕組みの構築は当然ながら経営者が扱うべき事項である．

一方で，そもそも予定生産量をいくらにするかという戦略決定にもリスクが存在している．予定生産量を高く設定した場合は，需要が下回れば在庫増加のリスクが発生する．他方，予定生産量を低く設定した場合は，需要好調であった場合に売切れとなり機会損失が発生する．例えば，猛暑で氷菓子の販売が好調すぎて一時生産中止としたなどの事例がある．これらのパフォーマンス結果は正確に 100％予測することは不可能であり，この変動の許容量をあらかじめ経営として定めることを推奨している．2017 年版ではこのほかにパフォーマンスの事例として，投資利益率（ROI：Return On Investment），稼働率，債務，プロジェクト（完成時間，時期），市場占有率，スキル標準などが挙げられている[7)]．

(4)　COSO-ERM で特に重視する“リスク選好度”

2017 年版で特に重視されているのが，“リスク選好度（risk appetite)”である．戦略を決定するに当たり，どれだけのリスクを許容するかを取締役や執行役員が決定することを重要視しており，このリスク選好度の大きさは企業や事業体の企業文化によるとしている．例として，画期的ではあるが未完成の技術の採用について，原子力発電所では安全性についてリスク選好度が小さくきわめて慎重であるため不採用とし，一方でベンチャービジネスへの投資ファンドであればリスク選好度は大きいためこの技術に投資をする[7]．このように，企業のリスク選好度をどのように設定するかがリスクマネジメントの重要なテーマとなっている．

ISO 31000 に対して IEC（International Electrotechnical Commission：国際電気標準会議）が離脱した大きな原因の一つがこのリスク選好度の組込みであった．経営者は，企業経営として将来の収益確保のために常に戦略を考え続けなければならないため，商品構成，値決め，販売チャネルなどを自分で決定することが避けられない．その選択には戦略リスクが存在し，投資による損失をどこまで覚悟するかというリスク選好度の概念が必要になる．一方，安全分野であると当然品質基準としての許容度は必ず決められているが，コストカットのために品質を下げるあるいは許容度を拡大するというリスク選好度の拡大という考え方は従業員のモラル維持の観点から受け入れられにくいものがある．つまり，リスク選好度の概念は重要であるが，経営レベルの戦略リスクへの適応とオペレーショナルな安全分野とでは，その当てはめ方が異なることに注意する必要がある．

3.7.2　ISO 31000 の活用

(1)　COSO-ERM における ISO 31000 の活用箇所

a)　規格全体の運用における ISO 31000 の考え方の活用

リスクマネジメントの目的を企業価値の創造・維持とした ERM とする場

合，ISO 31000 の箇条 4（原則）の最上位概念である“リスクマネジメントの意義は，価値の創出及び保護である.”という考え方がそのまま活用できる. ISO 31000 はリスクマネジメント文化の滋養のためにあり，経営者が関与することを求めている．その点も COSO-ERM の 2017 年版が経営者のためのものであることと整合する.

b）　規格の各箇条における ISO 31000 の活用

2017 年版における活用では，特に重要な項目として次の三つがある.

① 取ってよいリスクと，取ってはいけないリスクを明らかにする.

② 企業戦略に資する様々な複数のリスクマネジメントのサイクルが企業の中で実践されている.

③ 該当する場合，監督機関に関する事項が定められている.

①は，ISO 31000 の 6.3.4（リスク基準の決定）に“組織は，目的に照らして，取ってもよいリスク又は取ってはならないリスクの大きさ及び種類を規定することが望ましい.”と記述されている．戦略リスクを対象に加えた ERM への活用ならではのものである．企業買収，新商品開発，価格設定，海外への進出など意思決定や投資を伴う経営者の意思決定によるリスクもリスクマネジメントの対象としている．ISO 31000 の 6.5.2（リスク対応の選択肢の選定）でも，従来のリスク回避やリスク共有などと並んで，“ある機会を追求するために，リスクを取る又は増加させる”と記述されている．グループ会社の設立や研究開発への投資，工場の生産設備投資など企業の財務体力に合わせて取ってよいリスク，つまり投資失敗による損失に財務的に耐え得る場合は取ってよいリスクになる.

日常的な例では，ある商品が売れ行き絶好調であると，店先では品切れが発生する．そのまま放置しておけば本来は売れて利益が上がったはずのものが実現できない，いわゆる機会損失が発生する．この好調を捕らえて工場設備を増設し従業員も採用するとニーズが堅調であれば利益の実現になる一方で，売れ行きが一時的でその後減少する場合などでは設備増強費用と維持費が赤字となってしまう．増産せずに機会損失を取るべきリスクとするか，若しくはある程度の増産に踏み込み一定規模の設備投資を取るべきリスクとするかは経営者が決定することになる．

他方，取ってはいけないリスクとして，コンプライアンス違反のリスクや財務体力に見合わない投資，不芳な事業の継続などがある．製造業などで過剰品質といわれるものへの対応として，品質基準を下げる対応を認めるか否かは従業員のモラル低下のリスクとのバランスで経営者が方針を出していくことになる．もちろん，昨今の品質偽装はもってのほかである．なお，“リスク選好”という用語はISO 31000:2018では明示されていないことに注意が必要である．

②が明示されたのは，企業のリスクマネジメントの実態をよく表している．ISO 31000の6.1（プロセス 一般）の中で“組織の目的を達成することに合わせ，かつ，適用される外部及び内部の状況に適応するために，組織の中で，リスクマネジメントプロセスが，多数適用されている場合がある．”と記述されている．ERMの目的には，年度単位の売上げ目標や利益目標の達成あるいは3か年計画の達成などが相当し，それに対するリスクマネジメントを行っていく．出店計画，新規製品，価格戦略などの戦略リスクもあれば，品質管理，不良品，地震，火災，労働災害，不良債権，為替，過労死，情報漏えいなどの様々なリスクに同時に対応する（**図3.8**）．また，時限的な各種のプロジェクトの成否にもリスクマネジメントが適応されている．これら全体をERMとしてマネジメントを行うことにも適用できるし，個々のリスクにISO 31000を活用することもできる．

参考として，理想的なリスクマネジメントの模式図を提示する（**図3.9**）．実際のフレームワークの適応は，フェーズⅠの企業全体のリスクマネジメント委員会での上部構造でのサイクルと，フェーズⅡのリスクごとのサイクルのそれぞれに活用されることになる．なお，実際の事件事故が発生したフェーズⅢについても事態収拾に向けた取組みを一つのプロジェクトとみなせば，その対応についても特にリスクマネジメントプロセスを適応できる．

③として，該当する場合，監督機関がリスクマネジメントの主体に明示され

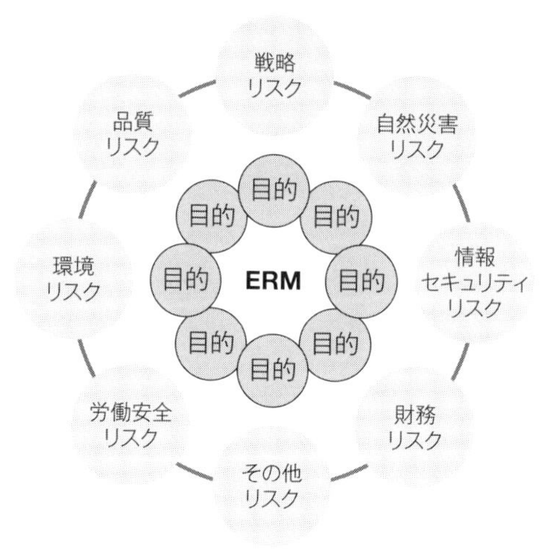

図 3.8　ERMの各目的とリスクマネジメントの例（委員会作成）

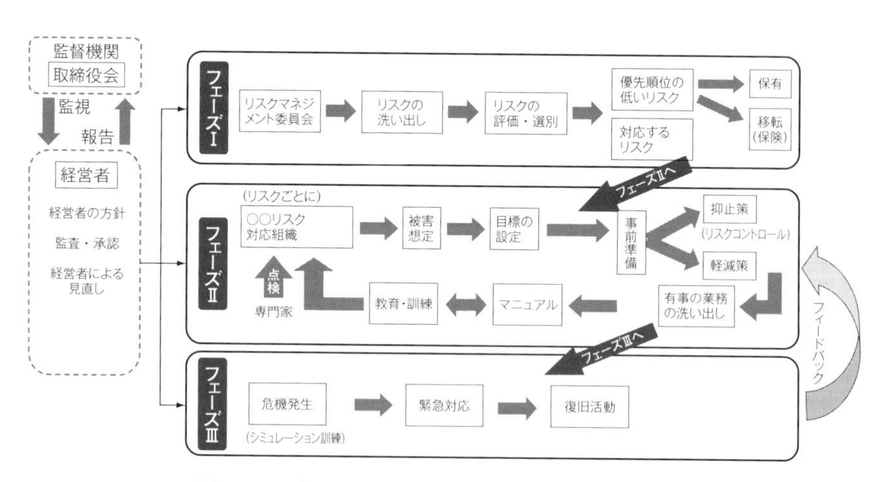

図 3.9　理想的なリスクマネジメントの進め方の例

た．ISO 31000の5.2（リーダーシップ及びコミットメント）に“トップマネジメント及び監督機関（該当する場合）は，リスクマネジメントが組織の全ての活動に統合されることを確実にすることが望ましい．”と記述されているほか，監督機関の役割が明示されている．具体的には，各執行役員，オフィサーに対して，取締役会が監督機関に該当する．各取締役を監視する監査役会もこれに該当し，また，監査等委員会設置会社では取締役会の中の監査委員会が該当することになる．個々のリスクについての監督機関は企業によって異なるが，各部門にリスクの執行が任されている場合には内部監査部門が該当する場合も考えられる．また，出先機関のリスクマネジメントに対して本社部門の当該リスクの責任部門が点検監査を行うことなども対象となる．

このように，ISO 31000 はその実態を踏まえた企業全体の ERM を実現するために，企業全体と，その下部となる各種リスク対応の双方に活用できる．

(2)　活用に関する課題とその対応

COSO-ERM 2017 年版への活用に当たり，ISO 31000 の 2018 年改訂による次の変更点に留意する必要がある．

① 外部及び内部のコミュニケーションにおける報告が簡素化されたこと
② リスク評価において優先順位が明記されなくなったこと
③ 教育の明文化及び法令など規範の順守が明示されなくなったこと

a)　外部及び内部のコミュニケーションにおける報告の簡素化

ISO 31000 の ERM への活用を考えると，経営者，特にトップマネジメントによる外部ステークホルダ（例：株主，投資家）への事業報告などが重要であるが，2018 年改訂に当たり，5.4.5（コミュニケーション及び協議の確立）では，報告などの詳細が簡素化された．これは実際の企業活動においては各国の様々なコーポレートガバナンスの規定や規制，特に最近は SDGs のように非財務情報の開示なども定められていることがあるため，規格での記述が簡素化されたと思われる．ただし，規格要件が簡素化されたとはいえ，その重要性は変わらない．

b)　リスク評価において優先順位が明示されなくなったこと

6.4.4（リスク評価）は，一般に用いられるリスク評価の概念である詳細なリスクアセスメント（リスク評価報告書などといわれるもの）とは異なり，リスク基準との比較を行い，対策の実施の有無及び対応度合いを決定することである．従来はこれに加えて経営資源の制約や緊急度切迫度などにより，対応するリスクに優先順位を付けることが明示されていたが，ISO 31000:2018 では記述されなくなった．“リスク評価の意義は，決定を裏付けることである．”と記述されているが，暗黙知として，どこまで対応をするか否かの決定や優先順位付けも対象に入っていると考えるべきである．

c)　教育の明文化及び法令など規範の順守が明示されなくなったこと

5.5（実施）において，ISO 31000:2018 では法律及び規制の要求事項を順守すること，及び情報の共有及び教育訓練の場を設けること，が削除された．教育については 5.4.4（資源）との重複による簡素化と考えられ，法律や規制の要求事項の順守は当然のこととして簡素化されたものと考えられるが，いずれも実際の業務においてはとても重要なことであり，おろそかにしてはならない．

おわりに

本書は，当該規格の改訂作業のため9年にわたり，関係各国の代表が時間を有効に使い，現状を多角的に分析しながら将来の変化を見据え議論を重ねて作り上げられたISO 31000:2018（JIS Q 31000:2019）の解説書である．いわば本書の作成委員会委員長はじめ参画された各メンバーの努力の結晶といえる．

本書の発刊に際して，特に考慮すべきことを3点ほど示しておきたい．1点目は“認証規格を含め国際規格についてわが国の組織等の姿勢が追随的である”といった若干気になる指摘もあるが，わが国がISOの活動に積極的に参画し，重要な役割を果たしてきた実情について強調しておきたい．この点は，日本規格協会が国際規格にいかに積極的に関与してきたかの再確認と言っても過言ではない．

特に，ISO 31000の誕生については，1995年に発生した阪神淡路大震災による被災経験が影響している．翌1996年には国家の標準報告書として，JIS/TR Z 0001（危機管理システム）が制定された．わが国としてはこれに基づきISOに対しリスクマネジメントシステム規格化への提案を行った．しかし，その内容はわが国の当時の一般的な理解として，例えば新聞などにおける記載でも“リスクマネジメント（危機管理）”と表記され，被災結果に対する事後対応に重点が置かれていた．わが国の提案は却下されたが，リスクマネジメントの重要性に鑑みて，1998年に議長国をオーストラリア，幹事国を日本としてISO/TMB直下にリスクマネジメント用語に関する作業グループが設置され，同作業グループでの検討の結果，2002年にリスクマネジメントの用語を定義したISO/IEC Guide 73が制定された．なお，ISO/IEC Guide 73の今後については本書第1章1.1（改訂の経緯）において触れられている．

ところでわが国は，上記のJIS/TR Z 0001を1998年にJIS/TR Q 0001（TR

Z 0001 revised version）として改訂した後，2001 年に JIS Q 2001（リスクマネジメントシステム構築のための指針）を制定した．

その後，オーストラリアと日本はそれぞれ議長国，幹事国として ISO において各国と積極的な意見交換を展開し，その結果 2009 年に，ISO 31000 というリスクマネジメント規格が誕生したのである．なお，これにより JIS Q 2001 は廃止された．

2 点目は，国際的な環境変化のもと，ISO 31000 の 2018 年改訂に至るまでには 9 年もの歳月がかかった経緯が関係する．他の規格に関しても同様と思われるが，参加国には諸事情があり，この背景には社会経済だけでなく組織経営などの様々な領域における変化の広がりとそのスピードに対する認識が挙げられる．しかも，組織が関係する領域における様々な用語について，それらを使う側と受ける側にとって過去の時間の経過において生じてきた変化とは比較にならない状況が登場している．例えば，経営が関わる組織構成，人事構成，資本構造，法制度，コンプライアンス，内部統制，IoT 関連システム・技術構造，業務内容，事業形態，活動領域，ステークホルダの役割・認識，関連情報の質・量などの変化全てがリスクに関わってきている．たとえ規格に使用されている用語に変化がなくとも，その用語の背景にある様相は時々刻々変化しているのである．

さらに，考慮すべきは規格に用いられている用語の理解についてである．英語からの訳出に関して，“リスク”を含めた規格を構成する関連用語の理解に関し，専門領域，特に社会科学系及び理化学・医学系等において特記された訳語が多年にわたり使用されてきている．過去においては，“risk”を“危険”と訳出した場合，“危険”には“risk”のほかに“peril”，“hazard”，“danger”といった用語がある．さらに，組織内の部署を構成するメンバーにも出身母体の専門の違いによる用語上の差異が存在している．そこでの違いが，将来に向けた意思決定の評価・合意・判断における齟齬に関係する可能性があるかもしれない．場合によっては，組織目的の達成，経営環境の変化に関わる状況についての理解に影響を与える可能性もないとはいえない．

ISO 31000:2009 から ISO 31000:2018 に至るまでには，既述のとおり長い時間的な経過があった．この間，規格を取り巻く環境には様々な変化が生じてきた．規格の構成自体にも，見直しにより組織内におけるリスクマネジメントの責任の所在の位置付けに変化がみられる．とりわけ，リスクマネジメント規格の構造が“原則”，“枠組み”，“プロセス”からなり，各内容の理解・検討・吟味・実践などに関し，関係者のリーダーシップ，コミットメント，コミュニケーションなどのあり方が問われることになるからである．

最後に JIS Q 2001 の見直しから，ISO 31000:2009 を経て，ISO 31000:2018 の発行，また本書の発刊に際し，規格についての意見交換・相互理解・検討・吟味・確定に関与する改正委員会構成の継続性の意義に触れておきたい．

この点は，委員会構成メンバーの多くが継続的に選出・参画されてきたことと無関係ではない．各委員及び関係者は各自の専門性や業務上の経験，認識，立場などの相互理解を深め，率直かつ活発な意見交換が展開でき，常に将来における社会環境の変化の動きや方向性を把握し，規格の社会的役割を認識し，構成員が一体感をもって作業を進めることが可能であったといえる．したがって，用語及びそれぞれの場を的確に捉え，判断し，最適解を見出す努力が実践されてきた．

しかも本書の各委員については，リスクマネジメント及びリスクに関連のある品質管理，環境マネジメント，情報セキュリティ，労働安全衛生，事業継続，ERM などの各領域において多年にわたり真摯に研鑽（けんさん）を積まれた方々で構成されている．それゆえ，委員長も委員会運営に当たり，特定の見解なり風潮に動かされることなく，改訂された規格の存在理由を客観的に判断し，各位が継続的にかつ論理的に努力を本書に傾注することができたと思われる．

本書の発刊に当たり，委員長，委員，事務局，関係者各位には，多大かつ貴重な専門的知識，労力及び時間を投入いただき，心から感謝と御礼を申し上げたい．

2019 年 6 月

明治大学名誉教授

森宮　康

引用・参考文献

■全　体

1）ISO 31000:2018　Risk management—Guidelines

2）JIS Q 31000:2019　リスクマネジメント—指針

3）ISO 31000:2009　Risk management—Principles and guidelines

4）JIS Q 31000:2010　リスクマネジメント—原則及び指針

■第1章，第2章

5）リスクマネジメント規格活用検討会 編著，編集委員長 野口和彦(2010)：ISO 31000:2009 リスクマネジメント解説と適用ガイド，日本規格協会

■第3章

6）経済産業省，独立行政法人情報処理推進機構(2017)：サイバーセキュリティ経営ガイドライン Ver.2.0

7）一般社団法人日本内部監査協会ほか 監訳，日本内部統制研究学会 COSO-ERM 研究会 訳(2018)：COSO 全社的リスクマネジメント—戦略およびパフォーマンスとの統合，同文舘出版

索　　引

あ

い

え

お

か

き

け

こ

さ

し

す

せ

そ

た

て

と

な

は

ひ

ふ

ほ

ま

も

り

れ

ろ

わ

ISO 31000:2018（JIS Q 31000:2019）
リスクマネジメント　解説と適用ガイド

2019年 6 月 27 日　第 1 版第 1 刷発行
2024年 4 月 12 日　　　　第 4 刷発行

編　　著　リスクマネジメント規格活用検討会
編集委員長　野口　和彦
発 行 者　朝日　　弘
発 行 所　一般財団法人 日本規格協会
〒108-0073　東京都港区三田 3 丁目 13-12 三田 MT ビル
https://www.jsa.or.jp/
振替　00160-2-195146
製　　作　日本規格協会ソリューションズ株式会社
印 刷 所　三美印刷株式会社

ISBN978-4-542-40281-2